崧燁文化

曹永忠、施明昌、張峻瑋　著

工業溫度控制器網路化應用開發(錶頭自動化篇)

U0082287

Apply a Digital PID Controller:FY900 to
Internet-based Automation-Control
(Industry 4.0 Series)

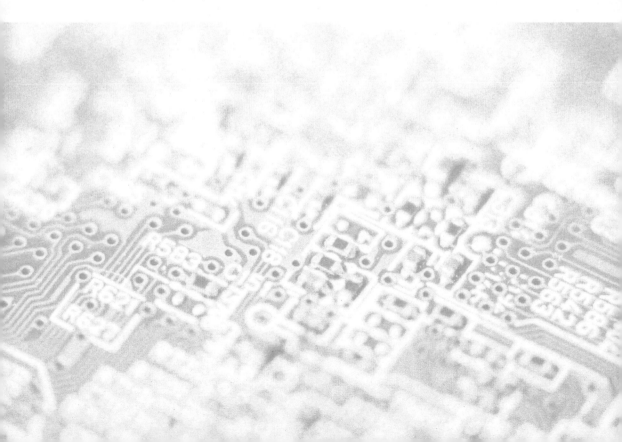

自序

工業 4.0 系列的書是我出版至今十年多，出書量也破百本大關，當初出版電子書是希望能夠在教育界開一門 Maker 自造者相關的課程，沒想到一寫就已過 7 年，繁簡體加起來的出版數也已也破百本的量，這些書都是我學習當一個 Maker 累積下來的成果。

本書是『工業 4.0 系列』介紹工業控制器與雲端系統整合的一本書，本書主要是筆者與國立高雄大學電機工程學系施明昌教授共同指導國立高雄大學電機工程學系研究所碩士生：張峻瑋同學，其碩士論文內容的延伸研究與產業化實踐的為本書的主要內容。

所以本書內容是非常產業應用的一個實務與產業實踐的一個延伸著作，透過雲端系統與中介控制系統可以讓單機運作的 PID 控制器：FY-900 升級成為流程自動化的一環，進而用最小的成本，保持原有 PID 控制器：FY-900 的運作之下，革命性的提升 PID 控制器：FY-900 的雲端自動化的機制，對於未來工業四的發展，或許對於中小企業、甚至大型企業等等，可能創造出另一到無痛升級的解決方案，本書不但提出整體的系統架構，更一一實作中介控制系統，並建構雲端系統，進而整合軟硬體與 PID 控制器，創造出不可思議的功能。

國立高雄大學電機工程學系研究所碩士生：張峻瑋同學是筆者永忠第一位掛名指導的研究生，由於這位學生是國立高雄大學與日月光集團合作的產業碩士，所以張峻瑋同學平時工作上也是異常忙碌，在工作之餘，更要修習繁重的研究所課業與專業研究，其毅力也是備受肯定。經過一年半的筆者指導與張峻瑋同學的積極付出，張峻瑋同學順利取得國立高雄大學電機工程學系的電機碩士文憑，但是由於我相當忙碌，隔了一年，才有空將其碩士論文整理投稿於 2021 IEEE 3rd Eurasia Conference on Biomedical Engineering, Healthcare and Sustainability (ECBIOS)，所幸投稿論文也受到 IEEE Explore(EI) 收錄，並且獲得 2021 IEEE 3rd Eurasia Conference on Biomedical Engineering, Healthcare and Sustainability (ECBIOS)當年 Best Conference Paper Award 的榮譽，身為指導老師的我，也備感榮幸與光榮，感受到張峻瑋同學多年求學努力的成果受到肯定。

　　筆者數十年的教學，所指導的學生畢業後，可以受到社會的肯定與支持而欣悅不已，希望在往後的教育生涯中，可以培育出對社會更多的人才，並在言教、身教之下，學生們可以感受我的道德培育與堅持，希望這些學子不只是學有所成，對於這個社會，更能以身作則，堅守學術與基本道德，並能回饋社會，這是我教學的最大回饋與樂趣。

　　　　　　　　　　　　　　　　　　　　曹永忠　於貓咪樂園

自序

　　近幾年來由於半導體科技不斷地刷新摩爾定律(Moore's Law)，運算處理器與記憶體的效能大幅提升，另外，在通訊方面５Ｇ的普及率也逐漸提高，因此造就目前我們生活所處的網路資訊息息相關的生態環境，真可以達到所謂天涯若比鄰，秀才不出門能知天下事的境界，但儘管如此，網路的情境還是止於"色"與"聲"的網路數位資料傳輸，要達到香、味、觸，的真正體感環境，恐怕還是有一段漫長的路要走，　以目前全球受到冠狀病毒疫情來說，雖然網路資訊發達如今可以提供方便的網路視訊會議，網路教學平台，但還是有很多產業受到嚴重的打擊，以我本身多年在物理實驗教學的經驗，對於提供網路的遠端實務操作學習平台就很急迫需求，這段期間剛好結合半導體製造自動化培訓課程的幾位專業領域前輩與同事，其中包括曹永忠教授，透過論文指導的方式培養一些有潛力的研究生投入遠端監控與遙控這方面的研究，以目前成熟的物聯網技術及單晶片應用，構築一個在經費上負擔得起且可以提供遠端實驗操作的學習平台，有賴曹永忠教授的指導，完成初步雛形，深深感到我們台灣在資訊與電腦科技上的無窮潛力，當今科技生活化與全球化，A.I.科技成為現代人一種基本能力，而本書累積曹永忠教授在智慧物聯網多年的教學與實務經驗心得，內容淺顯易懂，實例精簡實用，短時間可以上手完成一套生活實用的物聯網技術成品，祈願更多的讀者能有機會能分享此一智慧生活品質與文化。

施明昌　　於　國立高雄大學

自序

　　此書籍部分取材於筆者的國立高雄大學電機工程學系研究所論文，由曹永忠博士與施明昌博士將論文素材發揚光大。

　　首先感謝兩位恩師施明昌博士與曹永忠博士在論文撰寫時間，鍥而不捨地帶著我一起研究，讓筆者在專業研究領域上有所增長並且具備紮實穩固之電機工程專業知識。期間完全可以感受到恩師數十年深厚的學術底子，之前念大學時，就是把書本多念幾遍就能過關，在恩師指引教導下，讓我明白研究生與大學生最大的差異，研究生是要真正做出實體的東西，本論文中即使是一段文字或是一張圖片，都是花了幾小時或是幾天的時間，把實體的東西做出來，才生出那些文字圖片。

　　感謝口試委員林祥和教授與藍文厚教授，在口試時對於論文內容多次建議修正改善，並予以筆者肯定與支持，筆者終身感激。

　　最後感謝研究室夥伴：景穗與宣為。兩位夥伴在修業繁忙的情況下，還多次點醒我學術、程式、設備操作、行政流程上的卡點。相信以他們兩位的學術能力、研究精神、人格品性，日後可以找到很好的工作。

張峻瑋　於高雄

目 錄

工業 4.0 系列

近年來，工業 4.0 成為當紅炸子雞，但是許多人還是不懂工業 4.0 帶來的意義為何，簡單的說，就是大量運用自動化機器人、感測器物聯網、供應鏈網路、將整個生產過程與機械製造，透過不同的感測器，將生產過程所有變化進行資料記錄之後，可將其資料進行生產資料之大數據分析…等等，進而透過自動化、人機協作等方式提升製造價值鏈之生產力及品質提升。

本書是『工業 4.0 系列』介紹工業控制器與雲端系統整合的一本書，本文主要是筆者與國立高雄大學電機工程學系施明昌教授共同指導國立高雄大學電機工程學系研究所碩士生：張峻瑋同學，其碩士論文內容的延伸研究與產業化實踐的為本書的主要內容。

筆者們發現：中小企業基於價格與系統簡單化的考量，經在在現場使用許多 PID 控制器，如台灣儀控股份有限公司設計、開發、生產的 PID 控制器：FY-900，這些控制器簡單、方便、穩定、替換方便、全年 24 小時不斷電運作等等優勢，許多企業在微小投資就可以擁有半自動化的優勢。張峻瑋同學其認識的許多企業就是最佳的實證，所以筆者與國立高雄大學電機工程學系施明昌教授一同指導張峻瑋同學，透過單晶片微處理機與工業通訊界面，整合與設計出中介控制系統，可以下讓 PID 控制器：FY-900，即時透過網路將各項數據傳到雲端平台，操作人員可由行動裝置、公司資訊等設備獲悉各項警報，更可以避免忙於手邊工作時，錯失處理警報的最佳時機，並可以依照雲端平台的警報資訊，快速判斷事態的輕重緩急，以決定該做的應對工作程序優先順序。

所以本書內容是非常產業應用的一個實務與產業實踐的一個延伸著作，透過雲端系統與中介控制系統可以讓單機運作的 PID 控制器：FY-900 升級成為流程自動化的一環，進而用最小的成本，保持原有 PID 控制器：FY-900 的運作之下，革命性的提升 PID 控制器：FY-900 的雲端自動化的機制，對於未來工業四的發展，或許對於中小企業、甚至大型企業等等，可能創造出另一到無痛升級的解決方案，本書不但提出整體的系統架構，更一一實作中介控制系統，並建構雲端系統，進而整合軟硬體與 PID 控制器，創造出不可思議的功能。相信本書的內容不只是拋磚引玉，更是系統實踐中一個典範，可以讓更多學子、工程師可以透過筆者們的經驗分享，延伸到工作上創造更大的效益，最後期望讀者在閱讀之後可以將其本書述及的功能進階到工業 4.0 上更實務的應用。這是筆者們最衷心的希望。

1

CHAPTER

開發版介紹

　　ESP32 開發板是一系列低成本，低功耗的單晶片微控制器，相較上一代晶片 ESP8266，ESP32 開發板 有更多的記憶體空間供使用者使用，且有更多的 I/O 口可供開發，整合了 Wi-Fi 和雙模藍牙。 ESP32 系列採用 Tensilica Xtensa LX6 微處理器，包括雙核心和單核變體，內建天線開關，RF 變換器，功率放大器，低雜訊接收放大器，濾波器和電源管理模組。

　　樂鑫(Espressif)[1]於 2015 年 11 月宣佈 ESP32 系列物聯網晶片開始 Beta Test，預計 ESP32 晶片將在 2016 年實現量產。如下圖所示，ESP32 開發板整合了 801.11 b/g/n/i Wi-Fi 和低功耗藍牙 4.2（Buletooth / BLE 4.2） ，搭配雙核 32 位 Tensilica LX6 MCU，最高主頻可達 240MHz，計算能力高達 600DMIPS，可以直接傳送視頻資料，且具備低功耗等多種睡眠模式供不同的物聯網應用場景使用。

圖 1 ESP32 Devkit 開發板正反面一覽圖

---

[1] https://www.espressif.com/zh-hans/products/hardware/esp-wroom-32/overview

ESP32 特色：

- 雙核心 Tensilica 32 位元 LX6 微處理器
- 高達 240 MHz 時脈頻率
- 520 kB 內部 SRAM
- 28 個 GPIO
- 硬體加速加密（AES、SHA2、ECC、RSA-4096）
- 整合式 802.11 b/g/n Wi-Fi 收發器
- 整合式雙模藍牙（傳統和 BLE）
- 支援 10 個電極電容式觸控
- 4 MB 快閃記憶體

資料來源：https://www.botsheet.com/cht/shop/esp-wroom-32/

ESP32 規格：

- 尺寸：55*28*12mm(如下圖所示)
- 重量：9.6g
- 型號：ESP-WROOM-32
- 連接：Micro-USB
- 芯片：ESP-32
- 無線網絡：802.11 b/g/n/e/i
- 工作模式：支援 STA / AP / STA+AP
- 工作電壓：2.2 V 至 3.6 V
- 藍牙：藍牙 v4.2 BR/EDR 和低功耗藍牙（BLE、BT4.0、Bluetooth Smart）
- USB 芯片：CP2102
- GPIO：28 個
- 存儲容量：4Mbytes
- 記憶體：520kBytes

資料來源：https://www.botsheet.com/cht/shop/esp-wroom-32/

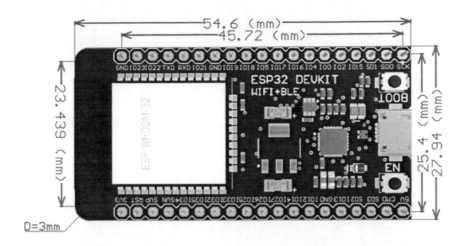

圖 2 ESP32 Devkit 開發板尺寸圖

ESP32 WROOM

　　ESP-WROOM-32 開發板具有 3.3V 穩壓器，可降低輸入電壓，為 ESP32 開發板供電。它還附帶一個 CP2102 晶片(如下圖所示)，允許 ESP32 開發板與電腦連接後，可以再程式編輯、編譯後，直接透過串列埠傳輸程式，進而燒錄到 ESP32 開發板，無須額外的下載器。

圖 3 ESP32 Devkit CP2102 Chip 圖

資料來源： https://makerpro.cc/2020/03/use-esp32-dual-core-for-parallel-processing-

to-improve-performance/

ESP32 的功能[2]包括以下內容：

■ 處理器：

- CPU: Xtensa 雙核心 (或者單核心) 32 位元 LX6 微處理器, 工作時脈 160/240 MHz, 運算能力高達 600 DMIPS

■ 記憶體：

- 448 KB ROM (64KB+384KB)

- 520 KB SRAM

- 16 KB RTC SRAM,SRAM 分為兩種

  ◆ 第一部分 8 KB RTC SRAM 為慢速儲存器,可以在 Deep-sleep 模式下被次處理器存取

  ◆ 第二部分 8 KB RTC SRAM 為快速儲存器,可以在 Deep-sleep 模式下 RTC 啟動時用於資料儲存以及 被主 CPU 存取。

- 1 Kbit 的 eFuse，其中 256 bit 為系統專用（MAC 位址和晶片設定）；其餘 768 bit 保留給用戶應用，這些 應用包括 Flash 加密和晶片 ID。

- QSPI 支援多個快閃記憶體/SRAM

- 可使用 SPI 儲存器 對映到外部記憶體空間，部分儲存器可做為外部儲存器的 Cache

  ◆ 最大支援 16 MB 外部 SPI Flash

  ◆ 最大支援 8 MB 外部 SPI SRAM

■ 無線傳輸：

- Wi-Fi: 802.11 b/g/n

- 藍芽: v4.2 BR/EDR/BLE

---

[2] https://www.espressif.com/zh-hans/products/hardware/esp32-devkitc/overview

- 外部介面：
  - 34 個 GPIO
  - 12-bit SAR ADC ，多達 18 個通道
  - 2 個 8 位元 D/A 轉換器
  - 10 個觸控感應器
  - 4 個 SPI
  - 2 個 I2S
  - 2 個 I2C
  - 3 個 UART
  - 1 個 Host SD/eMMC/SDIO
  - 1 個 Slave SDIO/SPI
  - 帶有專用 DMA 的乙太網路介面,支援 IEEE 1588
  - CAN 2.0
  - 紅外線傳輸
  - 電機 PWM
  - LED PWM, 多達 16 個通道
  - 霍爾感應器
- 定址空間
  - 對稱定址對映
  - 資料匯流排與指令匯流排分別可定址到 4GB(32bit)
  - 1296 KB 晶片記憶體取定址
  - 19704 KB 外部存取定址
  - 512 KB 外部位址空間
  - 部分儲存器可以被資料匯流排存取也可以被指令匯流排存取
- 安全機制
  - 安全啟動

- Flash ROM 加密

- 1024 bit OTP, 使用者可用高達 768 bit

- 硬體加密加速器

  ◆ AES

  ◆ Hash (SHA-2)

  ◆ RSA

  ◆ ECC

  ◆ 亂數產生器 (RNG)

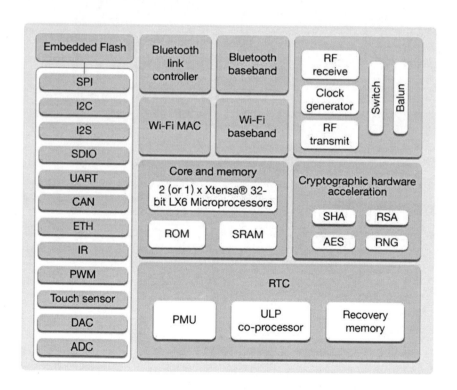

圖 4 ESP32　Function BlockDiagram

資料來源：https://circuitdigest.com/microcontroller-projects/esp32-dual-core-

programming-using-arduino-ide

NodeMCU-32S Lua WiFi 物聯網開發板

NodeMCU-32S Lua WiFi 物聯網開發板是 WiFi+ 藍牙 4.2+ BLE /雙核 CPU 的開發板(如下圖所示)，低成本的 WiFi+藍牙模組是一個開放源始碼的物聯網平台。

圖 5 NodeMCU-32S Lua WiFi 物聯網開發板

資料來源：作者購買產品自拍

NodeMCU-32S Lua WiFi 物聯網開發板也支持使用 Lua 腳本語言編程，NodeMCU-32S Lua WiFi 物聯網開發板之開發平台基於 eLua 開源項目，例如 lua-cjson, spiffs.。NodeMCU-32S Lua WiFi 物聯網開發板是上海 Espressif 研發的 WiFi+藍牙芯片，旨在為嵌入式系統開發的產品提供網際網絡的功能。

NodeMCU-32S Lua WiFi 物聯網開發板模組核心處理器 ESP32 晶片提供了一套完整的 802.11 b/g/n/e/i 無線網路（WLAN）和藍牙 4.2 解決方案，具有最小物理尺寸。

　NodeMCU-32S Lua WiFi 物聯網開發板專為低功耗和行動消費電子設備、可穿戴和物聯網設備而設計，NodeMCU-32S Lua WiFi 物聯網開發板整合了 WLAN 和藍牙的所有功能，NodeMCU-32S Lua WiFi 物聯網開發板同時提供了一個開放原始碼的平台，支持使用者自定義功能，用於不同的應用場景。

　NodeMCU-32S Lua WiFi 物聯網開發板 完全符合 WiFi 802.11b/g/n/e/i 和藍牙 4.2 的標準，整合了 WiFi/藍牙/BLE 無線射頻和低功耗技術，並且支持開放性的 RealTime 作業系統 RTOS。

　NodeMCU-32S Lua WiFi 物聯網開發板具有 3.3V 穩壓器，可降低輸入電壓，為 NodeMCU-32S Lua WiFi 物聯網開發板供電。它還附帶一個 CP2102 晶片(如下圖所示)，允許 ESP32 開發板與電腦連接後，可以再程式編輯、編譯後，直接透過串列埠傳輸程式，進而燒錄到 ESP32 開發板，無須額外的下載器。

圖 6 ESP32 Devkit CP2102 Chip 圖

資料來源：https://makerpro.cc/2020/03/use-esp32-dual-core-for-parallel-processing-

to-improve-performance/

　NodeMCU-32S Lua WiFi 物聯網開發板的功能 包括以下內容：

- 商品特色：

◆ WiFi+藍牙 4.2+BLE

◆ 雙核 CPU

◆ 能夠像 Arduino 一樣操作硬件 IO

◆ 用 Nodejs 類似語法寫網絡應用

- 商品規格：

◆ 尺寸：49*25*14mm

◆ 重量：10g

◆ 品牌：Ai-Thinker

◆ 芯片：ESP-32

◆ Wifi：802.11 b/g/n/e/i

◆ Bluetooth：BR/EDR+BLE

◆ CPU：Xtensa 32-bit LX6 雙核芯

◆ RAM：520KBytes

◆ 電源輸入：2.3V~3.6V

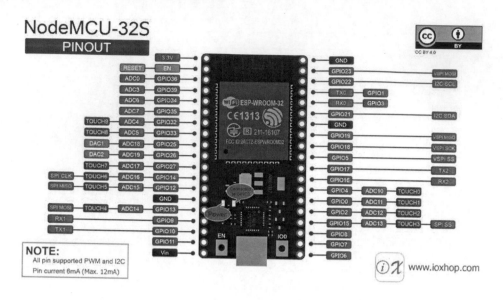

圖 7 ESP32S 腳位圖

資料來源：ioxhop 官網，https://www.ioxhop.com/product/532/nodemcu-32s-esp32-

wifibluetooth-development-board

章節小結

本章主要介紹之 ESP 32 開發板介紹，至於開發環境安裝與設定，請讀者參閱

『ESP32 程式設計(基礎篇):ESP32 IOT Programming (Basic Concept & Tricks)』一書(曹

永忠, 2020a, 2020b, 2020c, 2020d, 2020g, 2020h, 2020i; 曹永忠, 張程, 郑昊缘, 杨柳姿,

& 杨楠、, 2020; 曹永忠, 張程, 鄭昊緣, 楊柳姿, & 楊楠, 2020a, 2020b; 曹永忠, 許

智誠, & 蔡英德, 2020a; 曹永忠, 蔡英德, 許智誠, 鄭昊緣, & 張程, 2020a, 2020b)，

透過本章節的解說，相信讀者會對 ESP 32 開發板認識，有更深入的了解與體認

CHAPTER

PID 控制器之 FY900 介紹

本書參考台灣儀控股份[3]有限公司設計、開發、生產的 PID 控制器功能，如下圖所示，介紹本書採用測試的型號：FY900，其規格資料可以參閱網址：https://www.fa-taie.com.tw/admin/product/images/file/2014-12-31/54a354c18886e.pdf，本控制器可適用於溫度、溼度、流量、PH 值控制、可微電腦 PID 控制、多樣化輸入/輸出信號類型選擇。

FY900 控制器基本介紹

FY900 控制器具有可程式規劃功能，共 2 組 16 段可供設定用來規劃各種升溫、降溫、持溫曲線。新增 MODBUS 通訊協定，可輕易地與人機介面及其他周邊裝置通訊。新增加熱器斷線警報功能(HBA)提升系統整體安全，並有功能強大的其他周邊功能可供選購(Tsao et al., 2021; 張峻瑋, 2020)。

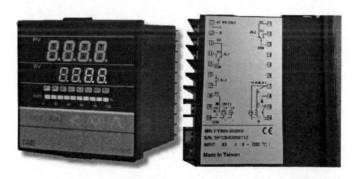

圖 1 PID 程序控制器/溫度控制器(FY900 正側面圖)

資料來源：本書拍攝、整理(Tsao et al., 2021; 張峻瑋, 2020)

---

[3] 台灣儀控股份有限公司，網址：https://www.fa-taie.com.tw，電話：02-82261867，傳真：02-82261834，地址：新北市中和區建八路 2 號 4 樓之 9，E-mail：contact@fa-taie.com.tw

FY900 控制器通訊介紹

如下圖所示，可以看到 FY900 控制器與電腦通訊界面連接的圖，主要電腦可以透過 RS-485 電氣通訊，透過 Modbus 通訊協定，傳輸控制命令給 Modbus 匯流排上的每一台 FY900 控制器進行控制、設定、溝通與資料擷取(Tsao et al., 2021; 張峻瑋, 2020)。

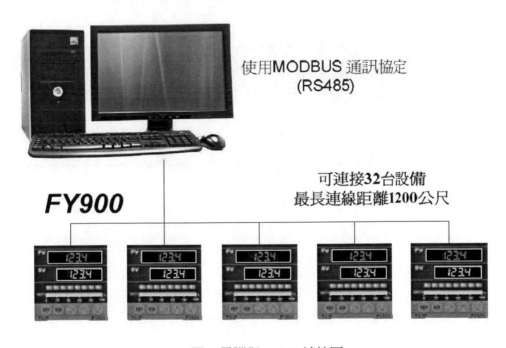

圖 2 電腦與 FY900 連線圖

資料來源：本書參考官方手冊而自行繪製(Tsao et al., 2021; 張峻瑋, 2020)。

(https://www.fa-taie.com.tw/admin/download/front/down.php?c_id=33)

如下圖所示，FY900 控制器會與對應感測或控制的感測器做電路連接，所以在使用電腦可以透過 RS-485 電氣通訊，透過 Modbus 通訊協定，傳輸控制命令給 Modbus 匯流排上的每一台 FY900 控制器所搭配的感測裝置進行控制、設定、溝通與資料擷取，達到特定的系統需求。

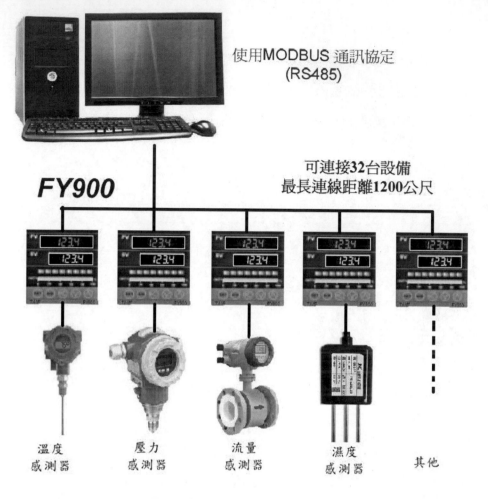

圖 3 電腦與 FY900 連線圖(含感測器)

資料來源：本書參考官方手冊而自行繪製(Tsao et al., 2021; 張峻瑋, 2020)。

(https://www.fa-taie.com.tw/admin/download/front/down.php?c_id=33)

PID 控制器通訊設定

　　FY900 PID 控制器可以透過桌上型電腦，使用 RS-485 通訊協定進行控制，在與電腦通訊之前，必先行手動使用 FY900 PID 控制器的按鈕將通訊規格設定好(Tsao et al., 2021; 張峻瑋, 2020)。

如下表所示，可以看到 FY900 PID 控制器的通訊協定、通訊位元選擇、通訊機號、通訊速率。手動按按鈕設定的同時，順便確認機器是否異常。

表 1 FY900 PID 控制器通訊參數一覽表

參數名稱	原廠通訊規格	新的通訊規格
通訊協定(PSL)	Modbus RTU 模式(rtu)	Modbus RTU 模式(rtu)
通訊位元選擇(bitS)	奇同位、 資料位元 8、 停止位元 1(o_81)	無同位、 資料位元 8、 停止位元 1(n_81)
通訊機號(IdNO)	1 號(1)	1 號(1)
通訊速率(bAUd)	38400bps(384)	9600bps(96)

資料來源：微電腦 PID 程序控制器/溫度控制器操作手冊(台灣儀控股份有限公司., 2021)

如下圖所示，在面板上進行通訊協定設定。

圖 4 通訊協定(PSL)

如下圖所示，進入通訊協定設定後，先行設定通訊位元。

圖 5　通訊位元選擇(bitS)

　　如下圖所示，接下來進行設定該 FY900 PID 控制器的通訊機號，也就是 Modbus
通訊協定的位址。

圖 6　通訊機號(IdNO)

　　如下圖之電腦與 FY900 連線圖(含感測器)所示，接下來進行設定該 FY900 PID
控制器的通訊速率，也就是 Modbus 通訊協定的的通訊速率。

圖 7　通訊速率(bAUd)

　　如此就完成 FY900 PID 控制器的通訊基礎設定。

FY900 通訊指令：

如圖 3 之電腦與 FY900 連線圖(含感測器)所示，使用電腦通訊界面連接 FY900 控制器，電腦可以透過 RS-485 電氣通訊，透過 Modbus 通訊協定，傳輸控制命令給 Modbus 匯流排上的每一台 FY900 控制器進行控制、設定等操作。下列介紹主本中主要的通訊協定之命令與通訊內容。各串命令皆是使用十六進制(Hexadecimal)寫成，各串中的單筆命令為 2 Byte 組成(Tsao et al., 2021; 張峻瑋, 2020)。

寫入單筆參數資料：Master 送出資料(寫入 SV=100)。

	No. of Byte	1	2	3	4	5	6	7	8
Master send	Command	01H	06H	00H	00H	00H	64H	88H	21H
	Comment	通訊機號	命令碼	資料位址		資料內容		CRC-16 檢查碼	

命令碼	命令碼說明
06H	寫入單筆資料
10H	寫入多筆資料
03H	讀取單筆/多筆資料

資料位址碼	資料位址碼說明
0000H	SV
0003H	第一組警報
0004H	第二組警報
008AH	PV

資料來源：微電腦 PID 程序控制器/溫度控制器操作手冊(台灣儀控股份有限公司., 2021)

CRC-16 檢查碼說明：

　　循環冗餘校驗（Cyclic redundancy check，通稱「CRC」）是一種根據網路資料封包或電腦檔案等資料產生簡短固定位數驗證碼的一種雜湊函式("循環冗餘校驗," 2020)，主要用來檢測或校驗資料傳輸或者儲存後可能出現的錯誤。生成的數字在傳輸或者儲存之前計算出來並且附加到資料後面，然後接收方進行檢驗確定資料是否發生變化。由於本函式易於讓二進制的電腦硬體使用、容易進行數學分析並且尤其善於檢測傳輸通道干擾引起的錯誤，因此獲得廣泛應用。

CRC-16 檢查碼生成：

　　　　如下圖所示，本文使用 CRC 自動生成的的線上服務，網址為 https://crccalc.com/，我們進到該網頁後，可以使用下列範例：

　　範例：輸入檢查碼之前的 01 06 00 00 00 64，選擇 HEX，點擊 CRC-16。便可生成 CRC16 檢查碼。

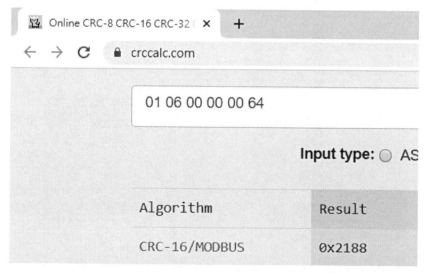

圖 8 CRC 生成網頁產生通訊內容之 CRC-16 檢查碼

Master 送出資料(讀取 SV)

Master send	No. of Byte	1	2	3	4	5	6	7	8
	Command	01H	03H	00H	00H	00H	01H	84H	0AH
	Comment	通訊機號	命令碼	資料位址		資料筆數		CRC-16 檢查碼	

Controller 回傳資料(讀取 SV)

Controller response	No. of Byte	1	2	3	4	5	6	7
	Command	01H	03H	02H	00H	64H	B9H	AFH
	Comment	通訊機號	命令碼	資料位元組計數	資料內容		CRC-16 檢查碼	

Master 送出資料(讀取 PV)

Master send	No. of Byte	1	2	3	4	5	6	7	8
	Command	01H	03H	00H	8AII	00H	01H	A5H	E0H
	Comment	通訊機號	命令碼	資料位址		資料筆數		CRC-16 檢查碼	

Controller 回傳資料(讀取 SV)

Controller response	No. of Byte	1	2	3	4	5	6	7
	Command	01H	03H	02H	03H	E8H	B8H	FAH
	Comment	通訊機號	命令碼	資料位元組計數	資料內容		CRC-16 檢查碼	

Controller 回傳資料(SV=100)。

Controller response	No. of Byte	1	2	3	4	5	6	7	8
	Command	01H	06H	00H	00H	00H	64H	88H	21H
	Comment	通訊機號	命令碼	資料位址		資料內容		CRC-16 檢查碼	

資料來源：微電腦 PID 程序控制器/溫度控制器操作手冊(台灣儀控股份有限

公司., 2021)

FY900 控制器面板介紹

如下圖所示，讀者可以參閱下圖內的號碼，就可以知道面板上每一種的功能。

下列為每一種的功能列示：

1. 顯示程序值(PV)/參數名稱

2. 顯示設定值。

3. 切換參數顯示/設定參數值。

4. 切換自動/手動模式。

5. 移動設定值的位數。

6. 減少設定值

7. 程式暫停，可程式控制器才有此功能。

8. 增加設定值

9. 程式執行，可程式控制器才有此功能。

10. 第一組控制動作輸出時，此燈(綠色)亮。

11. 第二組控制動作輸出時，此燈(綠色)亮。

12. 自動演算動作時，此燈(橙色)亮。

13. 第一組警報動作時，此燈(紅色)亮。

14. 第二組警報動作時，此燈(紅色)亮。

15. 第三組警報動作時，此燈(紅色)亮。

16. 手動輸出時，此燈(橙色)亮。

17. 程式執行時，此燈(橙色)亮。

18. 可程式控制器才有此功能。

19. 10 個 LED 對應顯示控制輸出百分比

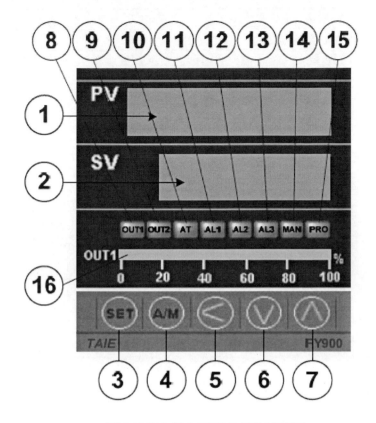

圖 9 FY900 操作面板各部位說明圖

資料來源：本書參考官方手冊。

(https://www.fa-taie.com.tw/admin/download/front/down.php?c_id=33)

對於如下圖所示，可以看到 FY900 控制器機體正面之顯示元件與輸入元件之每一項元件之名稱與功能說明，可以參考如下表所示，配合 FY900 控制器的操作說明書，網址：https://www.fa-taie.com.tw/admin/download/front/down.php?c_id=32 的FY/FA 系列詳細操作手冊(新版)，進行操作。

表 2 FY900 操作面板各部位參照圖

符號	名稱		功能說明
PV		程序值(PV)顯示	顯示程序值(PV)/參數名稱

		/參數名稱顯示	
SV		設定值(SV)顯示	顯示設定值。
SET		設定鍵	切換參數顯示/設定參數值。
A/M		自動/手動鍵	切換自動/手動模式。
<		移位鍵	移動設定值的位數。
﹀		減少鍵/程式暫停鍵	減少設定值 /程式暫停,可程式控制器才有此功能。
︿		增加鍵/程式執行鍵	增加設定值 /程式執行,可程式控制器才有此功能。
OUT1		OUT1 指示燈	第一組控制動作輸出時,此燈(綠色)亮。
OUT2		OUT2 指示燈	第二組控制動作輸出時,此燈(綠色)亮。
AT	⑩	自動演算指示燈	自動演算動作時,此燈(橙色)亮。
AL1	⑪	Alarm1 指示燈	第一組警報動作時,此燈(紅色)亮。
AL2	⑫	Alarm2 指示燈	第二組警報動作時,此燈(紅色)亮。
AL3	⑬	Alarm3 指示燈	第三組警報動作時,此燈(紅色)亮。
MAN	⑭	手動輸出顯示燈	手動輸出時,此燈(橙色)亮。
PRO	⑮	程式執行燈	程式執行時,此燈(橙色)亮。 可程式控制器才有此功能。
OUT%	⑯	OUT 輸出百分比顯示	10 個 LED 對應顯示控制輸出百分比

資料來源:本書參考官方手冊而自行繪製。

(https://www.fa-taie.com.tw/admin/download/front/down.php?c_id=33)

　　另外 FY900 控制器的對外硬體電路之各項電氣接腳,可以參考如圖 10、圖 11、圖 12、圖 13、並配合 FY900 控制器的操作說明書,網址:https://www.fa-taie.com.tw/admin/download/front/down.php?c_id=32 的 FY/FA 系列詳細操作手冊(新版),再根據實際現場需求來進行對應的電路設計與安裝。

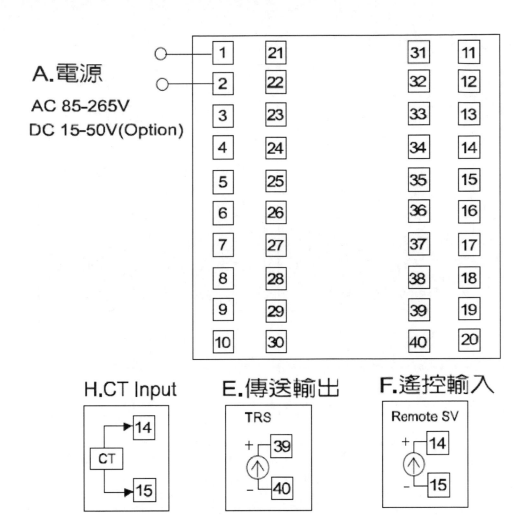

圖 10 FY900 控制器背面各接點說明-1

資料來源：本書參考官方手冊。

(https://www.fa-taie.com.tw/admin/download/front/down.php?c_id=32)

B.控制輸出

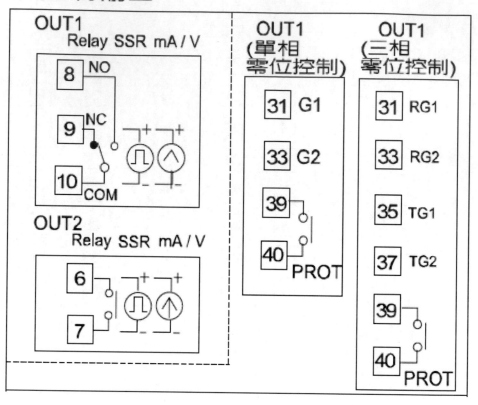

圖 11 FY900 控制器背面各接點說明-2

資料來源：本書參考官方手冊。

(https://www.fa-taie.com.tw/admin/download/front/down.php?c_id=32)

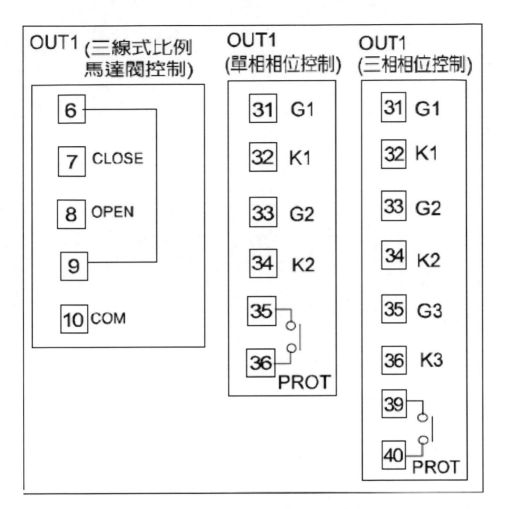

圖 12 FY900 控制器背面各接點說明-3

資料來源：本書參考官方手冊。

(https://www.fa-taie.com.tw/admin/download/front/down.php?c_id=32)

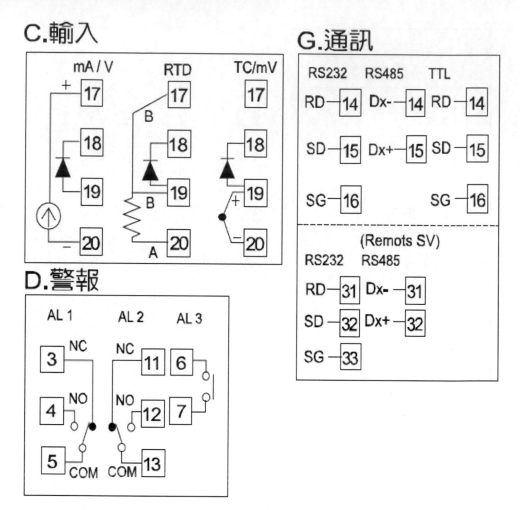

圖 13 FY900 控制器背面各接點說明-4

(https://www.fa-taie.com.tw/admin/download/front/down.php?c_id=32)

　　讀者可以參考下表所示之規格內容，就可以了解 FY900 控制器的細部功能介紹與解說。

表 3 FY900 控制器基本規格表

機種	FY	機種	FY900
尺寸	96X96mm	第一組警報	1c 接點
電源電壓	AC 85~265V，DC 15~50V (Option)		3A，220V， 電氣壽命 10 萬回
電源頻率	50 / 60 HZ	控制方式	PID、PI、PD、P、ON / OFF(P=0)、FUZZY。
消耗功率	約 4VA	PID 參數	P：0.0 ~ 200.0 % I：0~3600s D：0~900s
輸入	顯示精度	0.2 % FS ± 1digit	Relay	1c 接點
	取樣時間	250ms		8A，220V， 電氣壽命:10 萬回
	熱電偶(TC)	K，J，R，S，B，E，N，T，W5Re/W26Re，PLII，U，L	SSR	ON：24V，OFF：0V， 最大負荷電流 20mA
	測溫電阻 (RTD)	PT100，JPT100，JPT50	第一組控制輸出 4~20mA	最大負載電阻 560 Ω
	電流信號	4~20mA ，0~20mA	0~20mA	最大負載電阻 560 Ω
	電壓信號	0~1V，0~5V，0~10V，1~5V，2~10V，-10~10mV 0~10mV,0~20mV，0~50mV，	0~5V、0~10V 1~5V、	最大負荷電流 20mA
	小數點位數	電流/電壓信號輸入時,PV 顯示的小數點位數，可由設 定參數"DP"變換。(0000、000.0、00.00、0.000)	耐壓	主迴路 ~ 外殼(對地) 1500V 1 分鐘 控制迴路 ~ 外殼(對地) 1000V 1 分鐘
絕緣電阻		主迴路 ~ 外殼(對地) DC500V > 10MΩ 控制迴路 ~ 外殼(對地) DC500V > 10MΩ	工作環境	0~50℃ ，20~90%RH
			重量	300g
顯示數字高度		PV：14mm 、SV：10mm		

資料來源：本書參考官方手冊而自行繪製。

(https://www.fa-taie.com.tw/admin/download/front/down.php?c_id=33)

若讀者有更進階的需求，可以電詢台灣儀控股份有限公司[4]可以針對 FY-900 控制器，參考如下表所示，可以在購買時，或需求變更或需要更新較強大的功能時，下表可以提供了解 FY-900 控制器進階的功能需求之介紹與解說。

表 4 FY900 控制器追加附屬功能規格表

機種	FY900		
第二組控制輸出	Relay , SSR , 4~20mA , 0~20mA , 0~5V , 0~10V , 1~5V , 2~10V	傳送輸出	可傳送：PV 或 SV
			4~20mA , 0~20mA , 0~1V , 0~5V , 0~10V , 1~5V , 2~10V
第二組警報	1c 接點	遙控輸入	4~20mA , 0~20mA , 0~1V , 0~5V , 0~10V , 1~5V , 2~10V
	3A , 220V，電氣壽命 10 萬回		
第三組警報	1a 接點	通訊	通訊協定：MODBUS RTU , MDOBUS ASCII , TAIE
	3A , 220V，電氣壽命 10 萬回		信號傳輸方式：RS232 , RS485 ,TTL
加熱器斷線警報 (HBA)	電流顯示範圍：0.0~99.9A，顯示精度：1%FS		通訊速率：2400 , 4800 , 9600 , 19200 , 38400 bps
	內含 CT：SC-80-T (0.0~80.0A) 插孔直徑 5.8Φ 或 SC-100-T (0.0~99.9A) 插孔直徑		資料位元：8bit，同位元：偶同位或奇同位， 停止位元：1 或 2 bit
可程式規劃	警報接點：AL1	特殊控制輸出	單相零位控制(1φSSR)、三相零位控制 (3φSSR)、三線 式比例馬達、單相相位控制(1φSCR) 、三相相位控制 (3φSCR)
	2 組各 8 段，可串接成 16 段使用		
防水防塵構造	IP65		

資料來源：本書參考官方手冊而自行繪製。

(https://www.fa-taie.com.tw/admin/download/front/down.php?c_id=33)

---

[4] 台灣儀控股份有限公司，網址：https://www.fa-taie.com.tw，電話：02-82261867，傳真：02-82261834，地址：新北市中和區建八路 2 號 4 樓之 9，E-mail：contact@fa-taie.com.tw

近年來，工業 4.0 成為當紅炸子雞，但是許多人還是不懂工業 4.0 帶來的意義為何，簡單的說，就是大量運用自動化機器人、感測器物聯網、供應鏈網路、將整個生產過程與機械製造，透過不同的感測器，將生產過程所有變化進行資料記錄之後，可將其資料進行生產資料之大數據分析…等等，進而透過自動化、人機協作等方式提升製造價值鏈之生產力及品質提升。

然而在台灣，許許多多的工廠，雖然大量使用電腦資訊科技，但是生產線上的驗收或出貨控制，許多工廠雖然已經大量使用條碼、RFID、甚至是 QR Code…等等，但是在最終出貨處，仍有許多工廠還在仍然採用人工掃描出貨產品的條碼等，來做為出貨的憑據。

如果我們使用目前當紅的 Ameba RTL 8195 開發板，透過它擅長的 Wifi 通訊功能，結合 RS232 通訊模組，我們就可以使用市售的條碼掃描模組，並使用 RS232 等工業通訊方式的來取得條碼內容，如此一來我們就可以使用網際網路或物聯網的方式：如網頁瀏覽器、APPs 手機應用程式等方式，立即顯示出貨情形，並且透過網頁方式，居於遠端的管理者或客戶，也可以使用行動裝置查看出貨情形，對於工業上開發與發展，也算一個貢獻(曹永忠, 2017)。

流程自動化一向是產業升級不二法門，生產過程資訊雲端化更是目前產業重要趨勢，本文將生產中最後一道關口進行雲端化，僅是一個效益較可見的範例，最後期望讀者在閱讀之後可以將其功能進階到工業 4.0 上更實務的應用。

章節小結

本章主要介紹之 FY900 控制器使用與連接方式，進而介紹通訊方式與溝通方式，透過本章節的解說，相信讀者會對連接、使用 FY900 控制器與連接通訊，有更深入的了解與體認。

3

CHAPTER

系統架構介紹

本章主要介紹系統建置架構。第一節介紹雲端平台之硬體架構;第二節介紹雲端平台之硬體架構;第三節介紹網頁主機設定;第四節介紹啟動網頁主機;第五節介紹資料庫設定;第六節介紹雲端網站。

雲端平台之硬體架構

本書之雲端系統之硬體,採用如下圖所示之 QNAP TS-431 為雲端主機之硬體設備,由於筆者資源有限制,該主機託管於網址為:nuk.arduino.org.tw 之機房,並受到該託管組織所管轄與管理。

Network Attached Storage (NAS)系統[5]和傳統的檔案儲存服務或直接儲存裝置(DAS)不同的地方,在於 NAS 裝置上面的作業系統和軟體只提供了資料儲存、資料存取、以及相關的管理功能,並得以使得裝置連上網路才進行遠端存取;此外,NAS 裝置也提供了不只一種檔案傳輸協定。NAS 系統通常有一個以上的硬碟,而且和傳統的檔案伺服器一樣,通常會把它們組成 RAID 來提供服務,讓資料更不會遺失;有了 NAS 以後,網路上的其他伺服器就可以不必再兼任檔案伺服器的功能。NAS 的型式很多樣化,可以是一個大量生產的嵌入式裝置,也可以在一般的電腦上執行 NAS 的軟體。

NAS 是以檔案為單位的通訊協定,例如 NFS(常用於 UNIX 系統)或是 Server

---

[5] NAS 是一個可以集中儲存照片、影片、音樂及文件等資料的儲存裝置。您可作為個人使用,或是與親友、同事共享儲存空間。NAS 可透過電腦存取,您還可使用行動 App 在手機上隨時存取檔案。相較於公有雲端服務,NAS 提供更多元、便利和有趣的功能。來看看 NAS 有哪些功能吧! cited from URL:https://www.qnap.com/solution/what-is-nas/zh-tw/

Message Block (SMB)[6]（常用於 Windows 系統）。儲存區域網路：Storage Area Network(SAN)[7]則是以區塊為單位的通訊協定、通常是透過 Small Computer System Interface (SCSI)[8]再轉為光纖通道或是 Internet Small Computer System Interface (iSCSI)[9]。還有其他各種不同的 SAN 通訊協定，像是 ATA over Ethernet[10]和 HyperSCSI[11]等(Coile & Hopkins, 2005)。

　　3Com 的 3Server 和 3+Share[12]軟體是第一個為了開放系統伺服器而設計的伺服器，其中包括了專屬軟硬體及多台磁碟機。該公司也從 1985 年到 1990 年代初期領

---

[6] 伺服器訊息區塊（Server Message Block，縮寫為 SMB），又稱網路檔案分享系統（Common Internet File System，縮寫為 CIFS, /ˈsɪfs/），一種應用層網路傳輸協定，由微軟開發，主要功能是使網路上的機器能夠共享電腦檔案、印表機、序列埠和通訊等資源。 cited from URL:https://zh.wikipedia.org/wiki/%E4%BC%BA%E6%9C%8D%E5%99%A8%E8%A8%8A%E6%81%AF%E5%8D%80%E5%A1%8A

[7] SAN(Storage Area Network)是以一專用的高速網路通道，在儲存元件和伺服器之間建構而直接連結，將大量的儲存裝置分散在企業環境中，以供任何地點之不同應用伺服器來使用。

[8] 小型電腦系統介面（英語:Small Computer System Interface; 簡寫:SCSI），一種用於電腦和智慧設備之間（硬碟、軟盤機、光碟機、印表機、掃描器等）系統級介面的獨立處理器標準。 SCSI 是一種智慧的通用介面標準。它是各種電腦與外部設備之間的介面標準

[9] iSCSI（Internet Small Computer System Interface，發音為/ˈaɪskʌzi/），Internet 小型電腦系統介面，又稱為 IP-SAN，是一種基於網際網路及 SCSI-3 協定下的儲存技術，由 IETF 提出，並於 2003 年 2 月 11 日成為正式的標準。 cited from URL:https://zh.wikipedia.org/wiki/ISCSI

[10] ATA over Ethernet（簡稱：AoE）是由 Brantley Coile 所提創的一種網路通訊協定，此協定可以在乙太網路上存取 ATA 標準的儲存裝置（多指硬碟），運用此協定的好處在於能以平價且標準的技術來實現一個儲存區域網路環境。 cited from URL:https://zh.wikipedia.org/wiki/ATA_over_Ethernet

[11] 基於乙太網路的 SCSI 對映，Refer to :URL: https://iter01.com/240953.html

[12] 3Com Corporation was a digital electronics manufacturer best known for its computer network products. The company was co-founded in 1979 by Robert Metcalfe, Howard Charney and others. Bill Krause joined as President in 1981. Metcalfe explained the name 3Com was a contraction of "Computer Communication Compatibility", with its focus on Ethernet technology that he had co-invented, which enabled the networking of computers. cited from URL:https://en.wikipedia.org/wiki/3Com

導時代的潮流，3Com 和微軟在這個新市場上還合作開發了 LAN Manager 軟體[13]及其通訊協定(曹永忠, 2020c) (Tsao et al., 2021；張峻瑋, 2020)。

參考目前商業市場的狀況，目前 NAS 可大略分為「專注儲存型」(Storage NAS)以及「整合平台型」(Platform NAS)兩種，後者具備作業系統(曹永忠, 許智誠, & 蔡英德, 2018b)。

如下圖所示，本書將使用威聯通科技（QNAP）的 NAS 產品來當為文章硬體主題，由於威聯通科技股份有限公司 (QNAP Systems, Inc.)[14]，這幾年來針對優質網路應用設備的產品發展迅速，企業目標以提供全面及先進的 NAS 網路儲存裝置及Network Video Recorder (NVR)[15] 安全監控系統解決方案為最大核心事業。

---

[13] LAN Manager was a network operating system (NOS) available from multiple vendors and developed by Microsoft in cooperation with 3Com Corporation. It was designed to succeed 3Com's 3+Share network server software which ran atop a heavily modified version of MS-DOS. cited from URL:https://en.wikipedia.org/wiki/LAN_Manager

[14] QNAP 命名源自於高品質網路設備製造商（Quality Network Appliance Provider），為 QNAP Systems, Inc. 威聯通科技股份有限公司，致力研發軟體應用，匠心優化硬體設計，並設立自有生產線以提供全面而先進的科技解決方案。cited from URL:https://www.qnap.com/zh-tw/about-qnap/

[15]同屬錄影設備的第二代，網路影像錄影機(Network Video Recorder)簡單而言為具有遠端監控的錄影 DVR，其將監視攝影信號透過網路連結，成為遠端監控錄影之系統設備

(a). TS-431 正面圖　　　　　　　　　　(b). TS-431 背面圖

圖 14 QNAP TS-431 主機一覽圖

資料來源：TS-431 產品介紹官網(https://www.qnap.com/zh-tw/product/ts-431)(QNAP Systems)

如下表所示。QNAP TS-431 搭載高效節能的 Freescale™ ARM Cortex-A9 雙核心 1.2GHz 處理器，提供高達 110MB/s 讀取速度和 80MB/s 寫入速度，讓家用級 NAS 也能展現出驚人的極致效能。TS-431 提供完善的資料加密及解密機制，透過 AES-256 bit 整機加密功能提供 30MB/s 的資料傳輸速度，在保護 TS-431 重要資料的同時，仍維持系統的高效能及安全性。TS-431 亦可安裝高傳輸速率的 USB 界面 802.11ac 及 2.4GHz/5GHz 802.11n 雙頻無線網卡，讓大量檔案或耗頻寬的影音檔案傳輸時更加快速(QNAP Systems)。

表 5 QNAP TS-431 產品規格表

處理器	Freescale™ ARM®v7 Cortex®-A9 雙核心 1.2GHz 處理器
浮點運算	✔
硬體加密引擎	✔
記憶體	512MB
快閃記憶體	512MB
支援硬碟數量類型	4 T Bytes　3.5" SATA 硬碟
硬碟架	支援 4 顆硬碟熱抽換
網路埠	2 x Gigabit RJ-45 網路埠
LED 指示燈	電源、狀態、網路、USB、硬碟 1-4

USB/eSATA	3 x USB 3.2 Gen 1 port (正面: 1；背面: 2) 1 x eSATA port (背面) 支援 USB & eSATA 儲存裝置、USB 印表機、隨身碟、UPS 等。
按鍵	電源、USB 單鍵備份、系統重置按鈕
警報器	系統警報
機種	桌上型
尺寸	169 (高) x 160(寬) x 219(深) mm 6.65(高) x 6.3(寬) x 8.62(深) inch
重量	淨重: 3 kg/ 6.61 lb; 毛重: 4.3 kg/ 9.48 lb
耗電量 (W)	硬碟休眠模式: 14.84W 運行中: 33.75W (含 2 顆 2TB 硬碟)
噪音值*	聲壓(LpAm): 17.5 dB(A)
溫度	0 - 40°C / 32~104°F
相對溼度	5 ~ 95% RH 不凝結, 濕球: 27°C
電源	外接電源, 90W, 100-240V
安全設計	K-Lock 安全鎖
風扇	1 x 靜音風扇 (12 cm, 12V DC)
認證	FCC, CE, BSMI, VCCI, C-TICK

資料來源：QNAP TS-431 產品介紹官網(https://www.qnap.com/zh-tw/product/ts-431)(QNAP Systems)

　　參考許多文獻所得，很多新進與專家皆採用 QNAP TS-431 產品為雲端平台，如附錄之 **QNAP TS-431 伺服器服務一覽表**所示，其網站服務器與資料庫一併俱全，並可以整合 Php 伺服器端(Hypertext Preprocessor)[16]的 HyperText Markup Language，超文本標記語言(HTML)嵌入式的描述語言(Hypertext Preprocessor)，更整合 FTP 檔案伺服器基本功能，虛擬主機等強大功能，所以許多中小型企業資訊系統與資訊部門與學術單位也都採用 QNAP 系列當為雲端主機(Rini & Stiawan, 2009; Younas, Awan, & Duce, 2006; 白翰霖, 2013; 吳鎮安, 2014; 杜俊英, 2013; 莊泉福, 2019; 蘇彥儒, 2016)。

雲端平台之軟體架構

本書之雲端系統之伺服器軟體內容與版本，對於雲端網站版本，其網頁伺服器版本如下：

- Apache

- 資料庫用戶端版本: libmysql - mysqlnd 5.0.11-dev - 20120503 - $Id: 76b08b24596e12d4553bd41fc93cccd5bac2fe7a $

- PHP 擴充套件: mysqli 說明文件 curl 說明文件 mbstring 說明文件

- PHP 版本： 5.6.31

其資料庫採用 mySQL 伺服器，其資料庫伺服器版本如下：

- 伺服器: Localhost via UNIX socket

- 伺服器類別: MariaDB

- Server connection: SSL is not being used 說明文件

- 伺服器版本: 5.5.57-MariaDB - MariaDB Server

- 協定版本: 10

- 使用者: nukiot@localhost

---

[16] PHP（全稱：PHP：Hypertext Preprocessor，即「PHP：超文字預處理器」）是一種開源的通用電腦手稿語言，尤其適用於網路開發並可嵌入 HTML 中使用。cited from URL:https://zh.wikipedia.org/wiki/PHP

- 伺服器字元集: UTF-8 Unicode (utf8)

網頁主機設定篇

筆者上文中介紹 NAS 硬體設定內容，教讀者如何初始化設定 QNAP 威聯通 TS-431P2-1G 4-Bay NAS(曹永忠, 2018a; 曹永忠, 許智誠, & 蔡英德, 2019a, 2019b, 2020b, 2020c)，相信許多讀者閱讀後也會有躍躍欲試的衝動，接下來本文將介紹如何使用 NAS 主機，當為一台網頁主機，相信介紹完後，相信讀者就可以完整將雲端網頁主機建立出來(Tsao et al., 2021; 張峻瑋, 2020; 曹永忠, 2018c)。

進入 NAS 主機

如下圖所示，依據您 NAS 主機的網址，進入主機(曹永忠, 2018a; 曹永忠 et al., 2019a, 2019b; 曹永忠, 許智誠, et al., 2020b, 2020c)。

圖 8 進入主機

如下圖所示，請選『登入』登入主機。

圖 9 登入主機

如下圖所示，為 NAS 登入畫面。

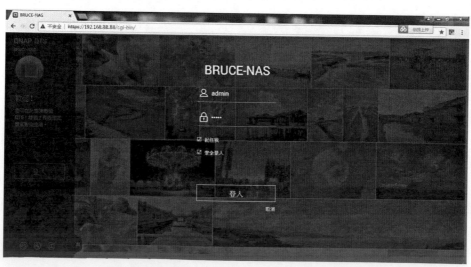

圖 10 NAS 登入畫面

如下圖所示，輸入帳號與密碼。

圖 11 輸入帳號與密碼

如下圖所示，輸入帳號與密碼之後登入主機。

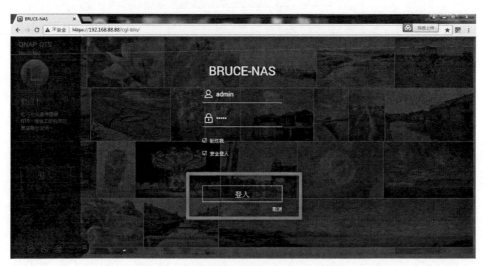

圖 12 登入主機

如下圖所示，為安全性選項警示畫面。

圖 13 安全性選項警示

如下圖所示，仍繼續執行。

圖 14 仍繼續執行

如下圖所示，登入主機，下面為主畫面。

圖 15 主機主畫面

啟動網頁主機

如下圖所示，登入 NAS 主機之後可以看到下列畫面。

圖 16 主機主畫面

如下圖所示，請點選控制台的圖示。

圖 17 進入控制台

如下圖所示，系統進到控制台主畫面。

圖 18 控制台主畫面

如下圖所示，請點選網站伺服器設定。

圖 19 點選網站伺服器設定

如下圖所示，進入網站伺服器設定畫面中，啟動網站伺服器。

圖 20 QTS 啟動網站伺服器

如下圖所示，勾選啟動網站伺服器後，請點選套用啟動設定。

圖 21 QTS 韌體更新心中

接下來我們回到系統主畫面。

圖 22 主機主畫面

如下圖所示，我們點選檔案總管。

圖 23 點選檔案總管

如下圖所示，請進入 Web 資料夾。

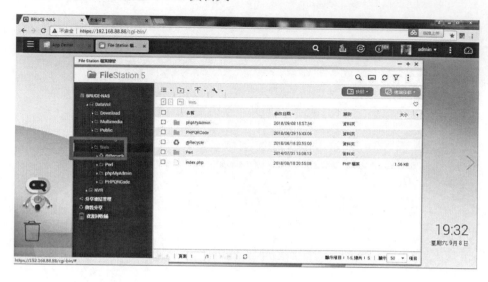

圖 24 進入 Web 資料夾

如下圖所示，請再畫面之中按下滑鼠右鍵，新增資料夾。

圖 25 按下滑鼠右鍵

如下圖所示，出現新增資料夾畫面。

圖 26 新增資料夾畫面

如下圖所示，請再畫面之輸入要建立的資料夾名稱(iot)。

圖 27 輸入要建立的資料夾名稱(iot)

如下圖所示，完成建立的資料夾(iot)。

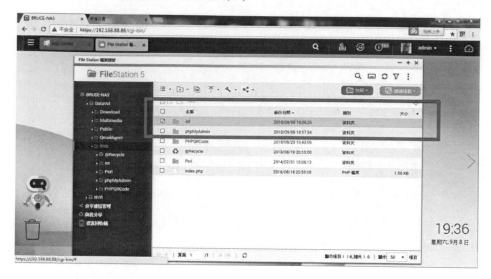

圖 28 完成建立的資料夾(iot)

如下圖所示，請再畫面之回到網站伺服器設定畫面。

圖 29 回到網站伺服器設定畫面

如下圖所示，請啟動虛擬主機。

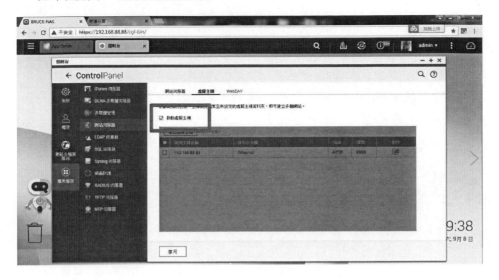

圖 30　啟動虛擬主機

如下圖所示，請開始建立虛擬主機。

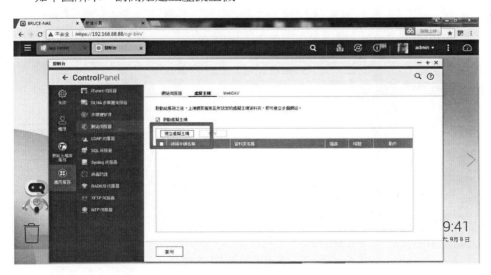

圖 31　開始建立虛擬主機

如下圖所示，請輸入虛擬主機資料。

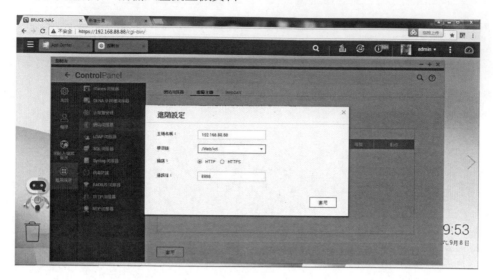

圖 32 輸入虛擬主機資料

如下圖所示，請確定輸入虛擬主機資料。

圖 33 確定輸入虛擬主機資料

如下圖所示，我們就產生一台虛擬主機。

圖 34 產生一台虛擬主機

如下圖所示，請再畫面之中按下套用啟動虛擬主機。

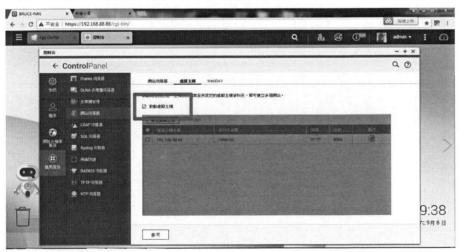

圖 35 啟動虛擬主機

瀏覽網頁主機

如下圖所示，我們再查看虛擬主機資訊(曹永忠, 2018a; 曹永忠 et al., 2019a, 2019b; 曹永忠, 許智誠, et al., 2020b, 2020c)。

圖 36 查看虛擬主機資訊

如下圖所示，請啟動瀏覽器。

圖 37 啟動瀏覽器

如下圖所示，請在瀏覽器網址列輸入網址。

圖 38 輸入網址

如下圖所示，我們網址列輸入網址：http://192.168.88.88:8888/。

圖 39 輸入虛擬主機網址

如下圖所示，我們發現無法連入虛擬主機。

圖 40 無法連入虛擬主機

產生預設網頁資料進行預覽

如下圖所示，再回到檔案總管。

圖 41 再回到檔案總管

如下圖所示，請進入 IOT 目錄。

圖 42 進入 IOT 目錄

如下圖所示，我們使用任何一套純文字編輯器，本文使用『NOTEPAD++[17]』軟體，進入後新增檔案後，鍵入下列資料：

表 6 簡單預設主頁內容(index.htm)

<html> if you see this . Web is done. </html>

---

[17] 下載官網：https://notepad-plus-plus.org/downloads/

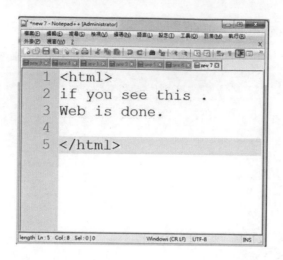

圖 43 產生預設主頁的 html 內容

如下圖所示，鍵完內容後請進行存檔。

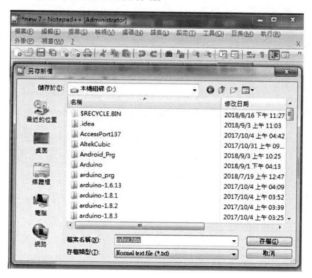

圖 44 暫存根目錄並存為網頁主檔名

如下圖所示，我們站存在根目錄下，檔名為：index.htm，如下圖所示，我們可以看到 index.htm。

圖 45 網頁主檔名

　　如下圖所示，我們再回到檔案總管。

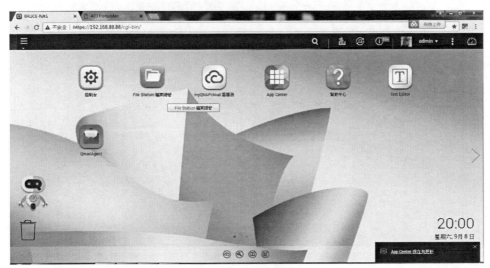

圖 46 再回到檔案總管

如下圖所示，我們啟動作業系統的檔案總管，如下圖所示，我們準備將網頁主檔拉入 iot 目錄。

圖 47 準備將網頁主檔拉入 iot 目錄

如下圖所示，確定我們用拖拉，把網頁主檔拉入 iot 目錄。

圖 48 把網頁主檔拉入 iot 目錄

如下圖所示，請啟動瀏覽器。

圖 49 啟動瀏覽器

如下圖所示，請在瀏覽器網址列輸入網址。

圖 50 輸入網址

如下圖所示，我們網址列輸入網址：http://192.168.88.88:8888/。

圖 51 輸入虛擬主機網址

如下圖所示，我們發網站啟動正常。

圖 52 網站啟動正常

到此，我們已經完成 QNAP 威聯通 TS-431P2-1G 4-Bay NAS 之 Apaceh 網頁主機的設定。

資料庫設定篇

上章節筆者針對 NAS，對其主機之網頁伺服器設定內容(曹永忠, 2018c)，介紹了 QNAP 威聯通 TS-431P2-1G 4-Bay NAS 網頁主機安裝與設定的詳細過程，相信許多讀者閱讀後也會有躍躍欲試的衝動。

但是網頁主機需要資料庫的搭配，更能搭配出更多的雲端服務，本文將介紹如何使用 NAS 主機，當為一台網頁主機，進而搭配資料庫，更能更建立完整的雲端服務(曹永忠, 2018b; 曹永忠, 許智誠, et al., 2020b, 2020c)。

進入 NAS 主機

如下圖所示，依據您 NAS 主機的網址，進入主機。

圖 53 進入主機

如下圖所示，請選『登入』登入主機。

圖 54 登入主機

如下圖所示，為 NAS 登入畫面。

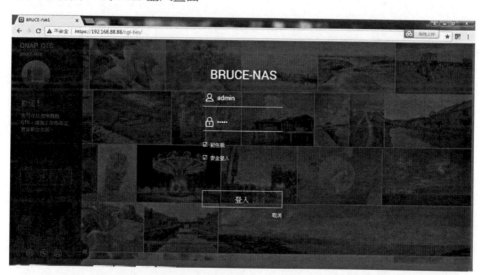

圖 55 NAS 登入畫面

如下圖所示，輸入帳號與密碼。

圖 56 輸入帳號與密碼

如下圖所示，輸入帳號與密碼之後登入主機。

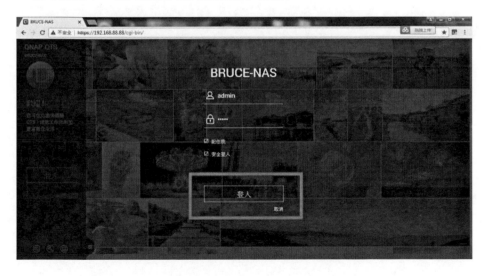

圖 57 登入主機

如下圖所示，為安全性選項警示畫面。

圖 58 安全性選項警示

如下圖所示，仍繼續執行。

圖 59 仍繼續執行

如下圖所示，登入主機，下面為主畫面。

圖 60 主機主畫面

安裝 phpMyadmin

如下圖所示，登入 NAS 主機之後可以看到下列畫面。

圖 61 主機主畫面

如下圖所示，進入 APP Center。

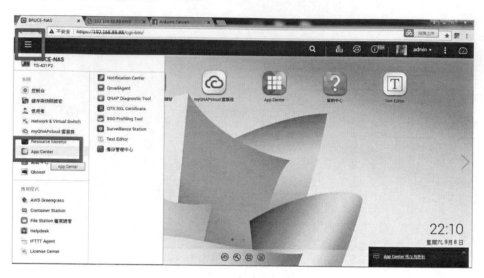

圖 62 進入 APP Center

如下圖所示，系統進到 APP Center 主畫面。

圖 63 APP Center 主畫面

如下圖所示，請點選工具後切換到工具子畫面。

圖 64 切換到工具子畫面

如下圖所示，準備安裝 phpmyadmin。

圖 65 準備安裝 phpmyadmin

如下圖所示，我們點選 phpmyadmin 圖示後，進入安裝 phpmyadmin 畫面。

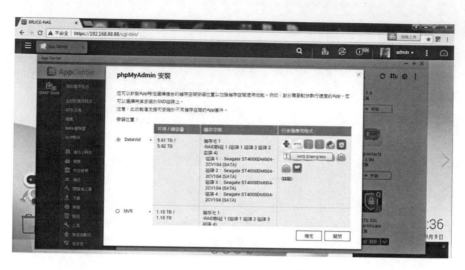

圖 66 安裝 phpmyadmin 畫面

接下來我們必須先選擇安裝 phpmyadmin 所在磁區。

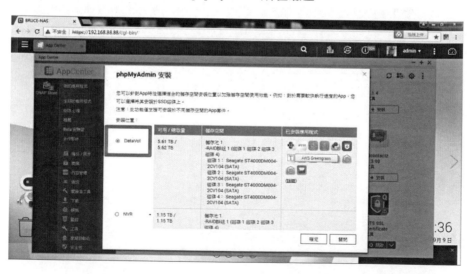

圖 67 選擇安裝 phpmyadmin 所在磁區

如下圖所示，確定安裝 phpmyadmin。

圖 68 確定安裝 phpmyadmin

如下圖所示，可以看到 phpmyadmin 正在安裝中。

圖 69 phpmyadmin 安裝中

等沒有多久，如下圖所示，我們可以看到安裝 phpmyadmin 完成。

圖 70 安裝 phpmyadmin 完成

登入 phpMyadmin 管理介面

如下圖所示，請啟動瀏覽器。

圖 71 啟動瀏覽器

如下圖所示，請在瀏覽器網址列輸入網址。

圖 72 輸入網址

如下圖所示，我們網址列輸入網址：https://192.168.88.88:8081/phpMyAdmin/。

圖 73 輸入 phpmyadmin 網址

如下圖所示，我們登入 phpmyadmin 管理程式，進入 phpmyadmin 主畫面。

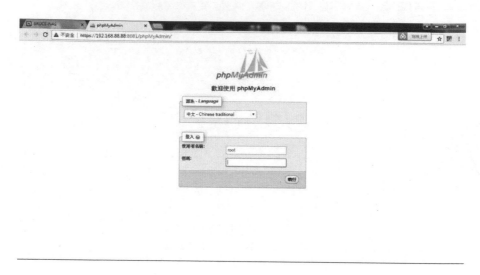

圖 74 phpmyadmin 主畫面

如下圖所示，我們使用登入 phpmyadmin 帳號資訊，帳號：root，預設密碼：admin，輸入完畢後就可以登入。

圖 75 登入 phpmyadmin 帳號資訊

如下圖所示，我們登入之後，進入 phpmyadmin 管理主畫面。

圖 76 phpmyadmin 管理主畫面

如下圖所示，我們點選資料庫管理。

圖 77 點選資料庫管理

如下圖所示，我們進入資料庫管理主畫面。

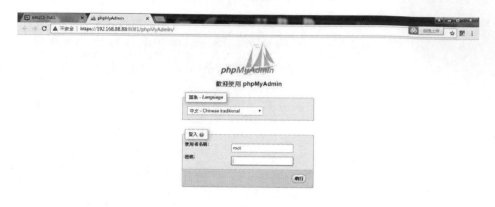

圖 78 資料庫管理主畫面

如下圖所示，我們輸入新建資料庫名稱。

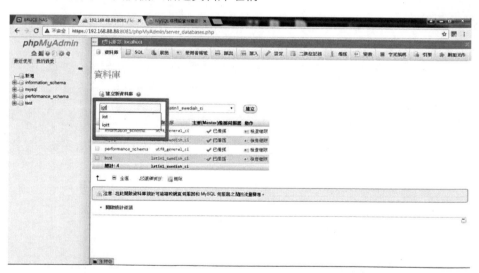

圖 79 輸入新建資料庫名稱

如下圖所示，我們確定輸入新建資料庫文字編碼。

圖 80 輸入新建資料庫文字編碼

如下圖所示，我們按下鍵立資料庫。

圖 81 按下鍵立資料庫

如下圖所示，我們完成建立 iot 資料庫。

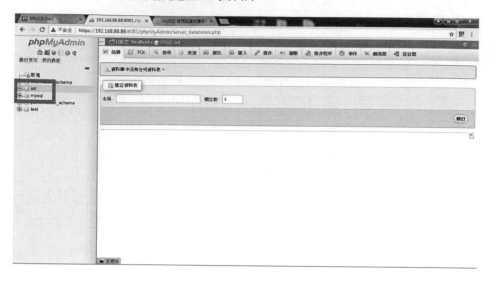

圖 82 完成建立 iot 資料庫

到此，我們已經完成安裝 QNAP 威聯通 TS-431P2-1G 4-Bay NAS 之 mySQL 的管理介面系統：phpMyadmin 管理系統，並產生一個 iot 資料庫來測試資料庫系統。

雲端網站

本書之雲端主機託管於網址為：nuk.arduino.org.tw 之機房，網址為：
http://nuk.arduino.org.tw:8888/iot.php，進入雲端主機後，如下圖所示，可以看到 FY900
PID 控制器的畫面。

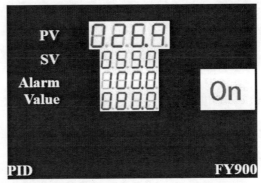

圖 15 雲端主頁畫面

章節小結

本章介紹本書之系統建置架構包括雲端平台之硬體架構、雲端平台之硬體架構、
網頁主機設定、資料庫設定與雲端網站。希望透過本章節的解說，相信讀者會對系
統建置架構，有更深入的了解與體認。

4

CHAPTER

系統設計與實作

　　本章主要介紹系統設計與實作進行。第一部份介紹系統設計；第二部份介紹硬體系統實作；第三部份介紹韌體系統實作；第四部份介紹雲端 DB Agent 資料庫代理人實作。

微控器主機連接 PID 控制器之電路圖

　　如下圖所示，筆者設計一個電路圖，將 NodeMCU-32S Lua WiFi 物聯網開發板與所有的周邊整合，並加入了 RS-485 Modbus 通訊界面之轉換模組(TTLtoRS-485)，與 FY900 控制器之 RS-485(Ｍ ｏ ｄ ｂ ｕ ｓ)通訊界面連接。

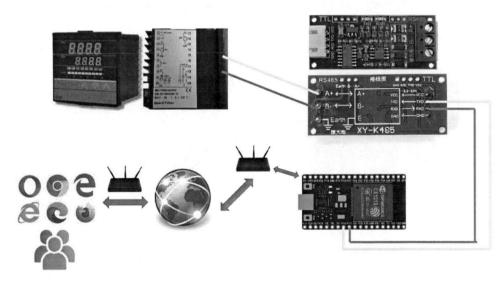

圖 16 FY900 電路連接圖

於是筆者使用洞洞板，將上圖之所有元件進行電路連接，完成下圖所示之實際電路圖原型：

圖 17 本文控制器電路板實作圖

筆者鑒於會有更多人推廣本文，所以如下圖所示，筆者設計一個電路圖，將 NodeMCU-32S Lua WiFi 物聯網開發板與所有的周邊整合，並加入了 RS-485 Modbus 通訊界面之轉換模組(TTLtoRS-485)，並預留 I2C 的液晶顯介面連接埠，產生了下列的電路圖：

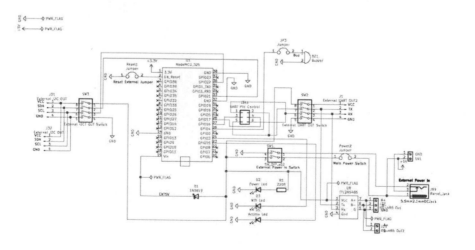

圖 18 FY900 控制器電路圖

筆者將上圖所示之電路圖，使用Ｋｉｃａｄ繪製，轉成下列的ＰＣＢ電路

板，讀者有興趣，可以到 PCB 板賣場：

https://www.ruten.com.tw/item/show?22121673807245、零件包賣場：

https://www.ruten.com.tw/item/show?22121673807098，購買學習之。

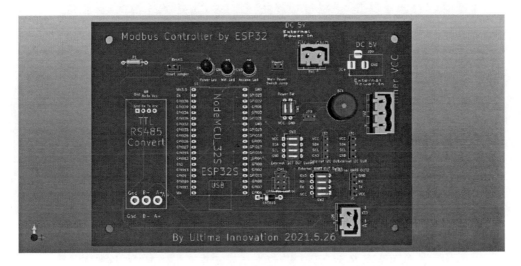

圖 19　ＦＹ９００控制器ＰＣＢ電路板

硬體系統實作

根據上上圖之電路圖，使用上圖之ＦＹ９００控制器ＰＣＢ電路板，筆者進行
電路組立，如下圖所示，完成ＦＹ９００控制器電路板組立：

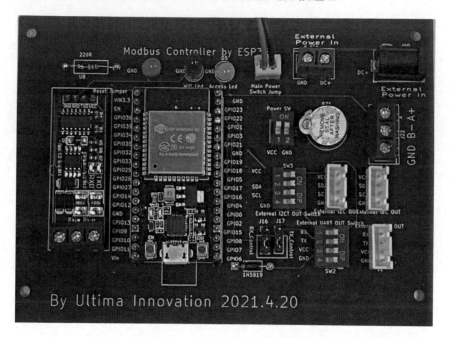

圖20 ＦＹ９００控制器電路板完成圖

接下來，將上圖之ＦＹ９００控制器電路板，裝上 LCD 2004 液晶顯示幕，並連接上ＦＹ９００控制器，如下圖所示，完成ＦＹ９００控制器電路板組立：

圖 21 FY900 控制器電路實作圖

韌體系統實作

　　將開發板的驅動程式安裝好之後，打開 Arduino 開發板的開發工具：Sketch IDE 整合開發軟體(軟體下載：https://www.arduino.cc/en/Main/Software)(曹永忠, 2020a, 2020b, 2020c, 2020d, 2020e, 2020f, 2020g, 2020h; 曹永忠, 許智誠, et al., 2020a; 曹永忠, 蔡英德, et al., 2020a, 2020b)，撰寫如下表所示之 PID 控制器系統程式(Tsao et al., 2021; 張峻瑋, 2020)，並透過開發工具將整個程式編譯後，上傳燒錄到 NodeMCU-32S Lua WiFi 開發板，進行測試。

表 7 PID 控制器系統程式(主程式)

PID 控制器系統程式(NewPCB_FY900_20210621.ino)

```
//----------------------
#include "initPins.h"
#include "command.h"
#include "crc16.h"

void sendNAS()
{
    // connectstr = "t="+d;
   Serial.println(connectstr) ;
   if (client.connect(iotserver, iotport))
     {
        Serial.println("Make a HTTP request ... ");
        String strHttpGet = strGet + connectstr + strHttp;
        Serial.println(strHttpGet);
                //### Send to Server
        client.println(strHttpGet);
        client.println();
     }
}

void initAll()
{
    Serial.begin(9600);         // initialize serial communication
```

```
    myHardwareSerial.begin(9600, SERIAL_8N1, RXD2, TXD2);

    //myHardwareSerial.begin(9600, SERIAL_8N1, RXD2, TXD2);        // initialize se-
rial communication
    pinMode(WifiLed,OUTPUT) ;
    pinMode(AccessLED,OUTPUT) ;
    pinMode(BeepPin,OUTPUT) ;
    BeepOff() ;
    AccessOff() ;
    WifiOff() ;
     LCDinit() ;

}




void setup()
{

    //Initialize serial and wait for port to open:
      initAll() ;
    WiFi.disconnect(true);
    WiFi.setSleep(false);

    // -------------- wifi connection start
    WiFi.disconnect(true);
    WiFi.setSleep(false);


      wifiMulti.addAP("NCNUIOT", "12345678");
      wifiMulti.addAP("NCNUIOT2", "12345678");

      Serial.println("Connecting Wifi...");
      if(wifiMulti.run() == WL_CONNECTED)
```

```
        {
            Apname = WiFi.SSID();
            ip = WiFi.localIP();
            Serial.println("");
            Serial.print("Successful Connectting to Access Point:");
            Serial.println(apname);
            Serial.print("\n");
            ipdata = IpAddress2String(ip);
            Serial.println("WiFi connected");
            Serial.println("IP address: ");
            Serial.println(ipdata);
            ShowAP() ;

        }
        delay(2000);
        WifiOn() ;
    MacData = GetMacAddress() ;
    ipdata = IpAddress2String(ip) ;

    ShowInternet() ;
    // --------------- wifi connection end
        phasestage=1 ;
        flag1 = false ;
        flag2 = false ;
    //-------------------------MQTT Process
    mqttclient.setServer("www.iot.ncnu.edu.tw", 1883);
    mqttclient.onMessage(messageReceived);
    fillCID(MacData); // generate a random clientid based MAC
    Serial.print("MQTT ClientID is :(") ;
    Serial.print(clintid) ;
    Serial.print(")\n") ;

    connectMQTT();
}

void loop()
```

```
{
    pvflag = false ;
    svflag = false ;
    requestdata(&Read_PV[0],8);
        delay(200);
        if (Serial2.available()>0)
          {
              Serial.println("Controler Respones") ;
              cmmstatus = Get_PV(&retdata) ;
              if (cmmstatus == 1)
                {
                   DisplayPVData(&retdata) ;
                    PV = GETPV();
                   pvflag = true ;
                  // sendPV();
                }
                else
                {
                   pvflag = false ;
                      Serial.print("Status:(") ;
                      Serial.print(cmmstatus) ;
                      Serial.print(")\n") ;
                }
          }
//-------------SV
    requestdata(&Read_SV[0],8);
        delay(200);
        if (Serial2.available()>0)
          {
              Serial.println("Controler Respones") ;
              cmmstatus = Get_SV(&retdata) ;
              if (cmmstatus == 1)
                {
                      DisplaySVData(&retdata) ;
                       SV = GETSV();
                     svflag = true ;
                     //sendSV();
```

```
            }
            else
            {
                svflag = false ;
                Serial.print("Status:(") ;
                Serial.print(cmmstatus) ;
                Serial.print(")\n") ;
            }
        }
    if (pvflag && svflag)
        {
            sendPV();
        }

    delay(10000) ;
} // END Loop



//void sendPV(Word pvvalue)
void sendPV()
{


    //http://nuk.ar-
duino.org.tw:8888/pid/dataadd.php?MAC=CC50E3B6B808&id=1&pv=23.4&sv=23.1
    connectstr =
"?MAC="+MacData+"&id="+String(deviceid)+"&pv="+String(PV)+"&sv="+String(SV);
    // connectstr = "?MAC='";
    Serial.println(connectstr) ;
    if (pvclient.connect(iotserver, iotport))
        {
            Serial.println("Make a HTTP request ... ");
            String strHttpGet = strPVGet + connectstr + strHttp;
            Serial.println(strHttpGet);
                //### Send to Server
                //-----Http GET 用法-------
            pvclient.println(strHttpGet);//送到 URL
```

```
                pvclient.println(strHost);      //告知用 Http GET
                pvclient.println();    //結束碼
                //-----Http GET 用法----end--
        }
            if (pvclient.connected())
            {
                pvclient.stop();    // DISCONNECT FROM THE SERVER
            }
}


void fillCID(String mm)
{
    // generate a random clientid based MAC
    //compose clientid with "tw"+MAC
    clintid[0]= 't' ;
    clintid[1]= 'w' ;
        mm.toCharArray(&clintid[2],mm.length()+1) ;
      clintid[2+mm.length()+1] = '\n' ;


}


//------------------


void messageReceived(String &topic, String &payload) {
                //CarNumber = payload ;
                Serial.println("Msg:"+payload) ;
            Serial.println("MSG:" +payload);
        // msgDecode(payload) ;

}
  void connectMQTT()
  {
    Serial.print("MQTT ClientID is :(") ;
    Serial.print(clintid) ;
    Serial.print(")\n") ;
    long strtime = millis() ;
    while (!mqttclient.connect(clintid, "power412", "ncnueeai")) {
```

```
PID 控制器系統程式(NewPCB_FY900_20210621.ino)
    Serial.print("~");
    delay(1000);
    if ((millis()-strtime )>WaitingTimetoReboot )
      {
              Serial.println("No Wifi and Rebooting") ;
              ShowString("Rebooting.") ;
              ESP.restart();
      }
  }
    Serial.print("\n");

  mqttclient.subscribe("ncnu/pid/#");
  Serial.println("\n MQTT connected!");

}
```

表 8 PID 控制器系統程式(comlib.h)

```
PID 控制器系統程式(comlib.h)
long POW(long num, int expo) ;
String SPACE(int sp) ;
String strzero(long num, int len, int base)    ;
unsigned long unstrzero(String hexstr, int base) ;
String    print2HEX(int number)    ;

//--------------
long POW(long num, int expo)
{
   long tmp =1 ;
   if (expo > 0)
   {
           for(int i = 0 ; i< expo ; i++)
              tmp = tmp * num ;
            return tmp ;
```

```
    }
  else
  {
   return tmp ;
  }
}




String SPACE(int sp)
{
    String tmp = "" ;
    for (int i = 0 ; i < sp; i++)
      {
            tmp.concat(' ')   ;
      }
    return tmp ;
}



String strzero(long num, int len, int base)
{
  String retstring = String("");
  int ln = 1 ;
    int i = 0 ;
    char tmp[10] ;
    long tmpnum = num ;
    int tmpchr = 0 ;
    char hexcode[]={'0','1','2','3','4','5','6','7','8','9','A','B','C','D','E','F'} ;
    while (ln <= len)
    {
        tmpchr = (int)(tmpnum % base) ;
        tmp[ln-1] = hexcode[tmpchr] ;
        ln++ ;
          tmpnum = (long)(tmpnum/base) ;
```

```
        }
    for (i = len-1; i >= 0 ; i --)
        {
                retstring.concat(tmp[i]);
        }


    return retstring;
}


unsigned long unstrzero(String hexstr, int base)
{
    String chkstring   ;
    int len = hexstr.length() ;


    unsigned int i = 0 ;
    unsigned int tmp = 0 ;
    unsigned int tmp1 = 0 ;
    unsigned long tmpnum = 0 ;
    String hexcode = String("0123456789ABCDEF") ;
    for (i = 0 ; i < (len ) ; i++)
    {
//        chkstring= hexstr.substring(i,i) ;
        hexstr.toUpperCase() ;
                tmp = hexstr.charAt(i) ;      // give i th char and return this char
                tmp1 = hexcode.indexOf(tmp) ;
        tmpnum = tmpnum + tmp1* POW(base,(len -i -1) )   ;




    }
    return tmpnum;
}





String    print2HEX(int number)
{
```

PID 控制器系統程式(comlib.h)

```
    String hhh ;
    if (number >= 0 && number < 16)
    {
        hhh = String("0") + String(number,HEX);
    }
    else
    {
        hhh = String(number,HEX);
    }
    hhh.toUpperCase() ;
    return hhh ;
}

void ClearSerial2()
{
    if (Serial2.available() >0)
    {
        while ((Serial2.available() >0))
        {
            Serial2.read() ;
        }
    }
}

//--------------------
```

程式出處：

https://github.com/brucetsao/ePID/tree/main/Comtroller_Codes/NewPCB_FY900_20210621

表9 PID 控制器系統程式(command.h)

```
PID 控制器系統程式(command.h)
long POW(long num, int expo) ;
String SPACE(int sp) ;
String strzero(long num, int len, int base)    ;
unsigned long unstrzero(String hexstr, int base) ;
String    print2HEX(int number)    ;


//------------------------
boolean pvflag = false ;
boolean svflag = false ;
long temp , humid ;
byte cmd ;
byte receiveddata[250] ;
int receivedlen = 0 ;
byte StrTemp[] = {0x01,0x04,0x00,0x01,0x00,0x02,0x20,0x0B}    ;
byte Str1[] = {0x01,0x03,0x00,0x8A,0x00,0x01,0xA5,0xE0}   ;   //讀取單筆參數資
料:Master 送出資料(讀取 PV 現在資料)
byte Str2[] = {0x01,0x04,0x00,0x02,0x00,0x01,0x90,0x0A}    ;


//----------SV
byte Read_PV[8] = {0x01,0x03,0x00,0x8A,0x00,0x01,0xA5,0xE0}   ;   //讀取單筆參數
資料:Master 送出資料(讀取 PV 現在資料)
byte Read_SV[8] = {0x01,0x03,0x00,0x00,0x00,0x01,0x84,0x0A}   ;   //讀取單筆參數
資料:Master 送出資料(讀取 SV 現在資料
//-----------------
  typedef struct Word
  {
      byte HI;
      byte LO;
  }   ;
typedef struct Word DATA;

  typedef struct ANSData
  {
      byte DeviceID;
      byte Cmd;
      byte Len;
```

```
        Word Data;
        Word CRC16;
   } ;
  typedef struct ANSData pvdata;


ANSData retdata ;


//-------
void requestdata(byte *sendstr, int len) ;
void requesttemperature() ;
void requesthumidity() ;
int GetDHTdata(byte *dd) ;
int Get_PV(ANSData *devdata) ;
int Get_SV(ANSData *devdata) ;
void DisplayPVData(ANSData *devdata) ;
void DisplaySVData(ANSData *devdata) ;
unsigned int WordValue(Word *twobyte) ;
String WordHex(Word *twobyte) ;
float GETPV() ;
float GETSV() ;
//-------------

unsigned int WordValue(Word *twobyte)
{
   return ((*twobyte).HI *256+(*twobyte).LO) ;
}
String WordHex(Word *twobyte)
{
   return (print2HEX((byte)(*twobyte).HI)+ print2HEX((byte)(*twobyte).LO)) ;
}
void requestdata(byte *sendstr, int len)
{
     Serial.println("now send data to device") ;
     Serial2.write(sendstr,len);
      Serial.println("end sending") ;
}
```

PID 控制器系統程式(command.h)

```cpp
void requesttemperature()
{
    Serial.println("now send data to device") ;
    Serial2.write(Str1,8);
     Serial.println("end sending") ;
}
void requesthumidity()
{
    Serial.println("now send data to device") ;
    Serial2.write(Str2,8);
     Serial.println("end sending") ;
}


int GetDHTdata(byte *dd)
{
  int count = 0 ;
  long strtime= millis() ;
  while ((millis() -strtime) < 2000)
    {
    if (Serial2.available()>0)
      {
        Serial.println("Controler Respones") ;
          while (Serial2.available()>0)
          {
              Serial2.readBytes(&cmd,1) ;
              Serial.print(print2HEX((int)cmd)) ;
               *(dd+count) =cmd ;
               count++ ;

          }
          Serial.print("\n---------\n") ;
      }
      return count ;
    }
}
//-----------
```

PID 控制器系統程式(command.h)

```c
int Get_PV(ANSData *devdata)
{
    int stage = 0 ;
      Serial.println("Enter Get_PV--While") ;
    while (Serial2.available()>0)
    {

        if (stage == 0)
            {
                    Serial.println("Enter Stage0") ;
                        Serial2.readBytes(&cmd,1) ;
                        (*devdata).DeviceID = cmd ;
                        stage = 1 ;
                        continue ;

            }
        if (stage == 1)
            {
                    Serial.println("Enter Stage1") ;
                        Serial2.readBytes(&cmd,1) ;
                        (*devdata).Cmd = cmd ;
                        stage = 2 ;
                        continue ;

            }
        if (stage == 2)
            {
                    Serial.println("Enter Stage2") ;
                        Serial2.readBytes(&cmd,1) ;
                        (*devdata).Len = cmd ;
                        stage = 3 ;
                        continue ;

            }
        if (stage == 3)
            {
                    Serial.println("Enter Stage3") ;
                        Serial2.readBytes(&cmd,1) ;
                        (*devdata).Data.HI = cmd ;
                        Serial2.readBytes(&cmd,1) ;
```

```
                (*devdata).Data.LO = cmd ;
            stage = 4 ;
            continue ;
        }
    if (stage == 4)
        {
            Serial.println("Enter Stage4") ;
            Serial2.readBytes(&cmd,1) ;
            (*devdata).CRC16.HI = cmd ;
            Serial2.readBytes(&cmd,1) ;
            (*devdata).CRC16.LO = cmd ;
             return 1 ;
        }



    }
    // return -1 ==> CRC16 ERROR
    return 1 ;
}
//------------------
void DisplayPVData(ANSData *devdata)
{
        Serial.print("Device ID:(") ;
        Serial.print((*devdata).DeviceID) ;
        Serial.print(")\n") ;

        Serial.print("Command:(") ;
        Serial.print((*devdata).Cmd) ;
        Serial.print(")\n") ;

        Serial.print("Length:(") ;
        Serial.print((*devdata).Len) ;
        Serial.print(")\n") ;

        Serial.print("Data:(") ;
        Serial.print(WordValue(&(*devdata).Data)) ;
```

```
            Serial.print(")\n") ;


            Serial.print("CRC:(") ;
            Serial.print(WordHex(&(*devdata).CRC16)) ;
            Serial.print(")\n") ;

}
int Get_SV(ANSData *devdata)
{
    int stage = 0 ;
     Serial.println("Enter Get_SV--While") ;
    while (Serial2.available()>0)
    {

        if (stage == 0)
            {
                    Serial.println("Enter Stage0") ;
                        Serial2.readBytes(&cmd,1) ;
                        (*devdata).DeviceID = cmd ;
                        stage = 1 ;
                        continue ;
            }
        if (stage == 1)
            {
                    Serial.println("Enter Stage1") ;
                        Serial2.readBytes(&cmd,1) ;
                        (*devdata).Cmd = cmd ;
                        stage = 2 ;
                        continue ;
            }
        if (stage == 2)
            {
                    Serial.println("Enter Stage2") ;
                        Serial2.readBytes(&cmd,1) ;
                        (*devdata).Len = cmd ;
                        stage = 3 ;
```

```
                        continue ;
            }
    if (stage == 3)
        {
                Serial.println("Enter Stage3") ;
                Serial2.readBytes(&cmd,1) ;
                (*devdata).Data.HI = cmd ;
                Serial2.readBytes(&cmd,1) ;
                 (*devdata).Data.LO = cmd ;
                stage = 4 ;
                continue ;
            }
    if (stage == 4)
        {
                Serial.println("Enter Stage4") ;
                Serial2.readBytes(&cmd,1) ;
                (*devdata).CRC16.HI = cmd ;
                Serial2.readBytes(&cmd,1) ;
                (*devdata).CRC16.LO = cmd ;
                 return 1 ;
            }



    }
    // return -1 ==> CRC16 ERROR
    return 1 ;
}
//-------------------
void DisplaySVData(ANSData *devdata)
{
        Serial.print("Device ID:(") ;
        Serial.print((*devdata).DeviceID) ;
        Serial.print(")\n") ;

        Serial.print("Command:(") ;
        Serial.print((*devdata).Cmd) ;
```

PID 控制器系統程式(command.h)

```
        Serial.print(")\n") ;

        Serial.print("Length:(") ;
        Serial.print((*devdata).Len) ;
        Serial.print(")\n") ;

        Serial.print("Data:(") ;
        Serial.print(WordValue(&(*devdata).Data)) ;
        Serial.print(")\n") ;


        Serial.print("CRC:(") ;
        Serial.print(WordHex(&(*devdata).CRC16)) ;
        Serial.print(")\n") ;

}



float GETPV()
{
    long gg = WordValue(&retdata.Data) ;
        return gg/10+0.1*(gg%10) ;
}

float GETSV()
{
    long gg = WordValue(&retdata.Data) ;
        return gg/10+0.1*(gg%10) ;
}
```

程式出處：

https://github.com/brucetsao/ePID/tree/main/Comtroller_Codes/NewPCB_FY900_20210621

表 10 PID 控制器系統程式(initPins.h)

PID 控制器系統程式(initPins.h)

```
#include <String.h>
#define Ledon HIGH
#define Ledoff LOW
#include "comlib.h"
HardwareSerial myHardwareSerial(2); //ESP32 可宣告需要一個硬體序列，軟體序列
會出錯


#include <WiFi.h>      // WIFI NEED THIS
#include <WiFiMulti.h>   //設定多 AP 資料與密碼


WiFiMulti wifiMulti;
WiFiClient pvclient;


//WiFiMulti wifiMulti;      //設定多 AP 資料與密碼 物件
#include <String.h>
#include <MQTT.h>



#define RXD2 16
#define TXD2 17
int cmmstatus = 0 ;
char clintid[20];




#define maxfeekbacktime 5000

int phasestage=1 ;
boolean flag1 = false ;
boolean flag2 = false ;
String d,s;


/////////////////////////////////////////////////////
```

```
//   control parameter
boolean systemstatus = false ;
boolean Reading = false ;
boolean Readok = false ;
// int trycount = 0 ;
int wifierror = 0 ;
boolean btnflag = false ;
//--------------

int keyIndex = 0;                    // your network key Index number (needed only for
WEP)

  IPAddress ip ;
  String ipdata ;
  String Apname;
String MacData ;
  long rssi ;

int status = WL_IDLE_STATUS;
char iotserver[] = "nuk.arduino.org.tw"   ;       // name address for Google (using DNS)
int iotport = 8888 ;
// Initialize the Ethernet client library
// with the IP address and port of the server
// that you want to connect to (port 80 is default for HTTP):
String strPVGet="GET /pid/dataadd.php";
String strGet="GET /pid/dataadd.php";
String strHttp=" HTTP/1.1";
String strHost="Host: nuk.arduino.org.tw";    //OK
String connectstr ;
#define WifiLed 2
#define AccessLED 15
#define BeepPin 8
#define RXD2 16
#define TXD2 17

WiFiClient client;
WiFiClient mqclient;
```

PID 控制器系統程式(initPins.h)

```cpp
MQTTClient mqttclient;
#include <Wire.h>
#include <LiquidCrystal_I2C.h>
LiquidCrystal_I2C lcd(0x3F,16,2);   // set the LCD address to 0x27 for a 16 chars and 2
line display

int deviceid=1 ;
float PV = 0.0 ;
float SV = 0.0 ;
float AL1 = 0.0 ;
float AL2 = 0.0 ;


//----------------
void ShowAP(String apname)
{
    Serial.print("Access Point:") ;
    Serial.print(apname) ;
    Serial.print("\n:") ;
}


void ShowMAC()
{
    Serial.print("MAC:") ;
    Serial.print(MacData) ;
    Serial.print("\n:") ;


}
void ShowIP()
{

    Serial.print("IP Address:") ;
    Serial.print(ipdata) ;
    Serial.print("\n:") ;
}
```

```
void ShowInternet()

{

    ShowMAC() ;
    ShowIP()   ;

}




//-----------------



void ClearShow()

{

    lcd.setCursor(0,0);
    lcd.clear() ;
    lcd.setCursor(0,0);

}
 void LCDinit()    //initialize the lcd
 {
   lcd.init();   // initialize the lcd
  // Print a message to the LCD.
  lcd.backlight();
  lcd.setCursor(0,0);
 }
void ShowLCD1(String cc)

{
  lcd.setCursor(0,0);
  lcd.print("                  ");
  lcd.setCursor(0,0);
  lcd.print(cc);


}
void ShowLCD2(String cc)

{
```

```
    lcd.setCursor(0,1);
    lcd.print("                    ");
    lcd.setCursor(0,1);
    lcd.print(cc);


}



void ShowString(String ss)
{
    lcd.setCursor(0,1);
    lcd.print("                    ");
    lcd.setCursor(0,1);
    lcd.print(ss.substring(0,19));
    //delay(1000);
}

String GetMacAddress() {
    // the MAC address of your WiFi shield
    String Tmp = "" ;
    byte mac[6];

    // print your MAC address:
    WiFi.macAddress(mac);
    for (int i=0; i<6; i++)
      {
            Tmp.concat(print2HEX(mac[i])) ;
      }
      Tmp.toUpperCase() ;
    return Tmp ;
}

String IpAddress2String(const IPAddress& ipAddress)
{
    return String(ipAddress[0]) + String(".") +\
    String(ipAddress[1]) + String(".") +\
    String(ipAddress[2]) + String(".") +\
```

```
    String(ipAddress[3])   ;
}

String chrtoString(char *p)
{
    String tmp ;
    char c ;
    int count = 0 ;
    while (count <100)
    {
        c= *p ;
        if (c != 0x00)
            {
                tmp.concat(String(c)) ;
            }
            else
            {
                    return tmp ;
            }
        count++ ;
        p++;


    }
}



void CopyString2Char(String ss, char *p)
{
            //    sprintf(p,"%s",ss) ;

    if (ss.length() <=0)
        {
                *p =   0x00 ;
                return ;
        }
     ss.toCharArray(p, ss.length()+1) ;
    // *(p+ss.length()+1) = 0x00 ;
```

```
}

boolean CharCompare(char *p, char *q)
  {
        boolean flag = false ;
        int count = 0 ;
        int nomatch = 0 ;
        while (flag <100)
        {
            if (*(p+count) == 0x00 or *(q+count) == 0x00)
              break ;
            if (*(p+count) != *(q+count) )
                {
                        nomatch ++ ;
                }
                count++ ;
        }
      if (nomatch >0)
        {
          return false ;
        }
        else
        {
          return true ;
        }


  }

//--------------------
void printWiFiStatus() {
  // print the SSID of the network you're attached to:
  Serial.print("SSID: ");
  Serial.println(WiFi.SSID());

  // print your WiFi shield's IP address:
  ip = WiFi.localIP();
```

PID 控制器系統程式(initPins.h)

```
    Serial.print("IP Address: ");
    Serial.println(ip);

    // print the received signal strength:
    rssi = WiFi.RSSI();
    Serial.print("signal strength (RSSI):");
    Serial.print(rssi);
    Serial.println(" dBm");
}
void WifiOn()
{
    digitalWrite(WifiLed,Ledon) ;
}

void WifiOff()
{
    digitalWrite(WifiLed,Ledoff) ;
}

void AccessOn()
{
    digitalWrite(AccessLED,Ledon) ;
}

void AccessOff()
{
    digitalWrite(AccessLED,Ledoff) ;
}
void BeepOn()
{
    digitalWrite(BeepPin,Ledon) ;
}
void BeepOff()
{
    digitalWrite(BeepPin,Ledoff) ;
}
```

程式出處：

表 11 PID 控制器系統程式(crc16.h)

PID 控制器系統程式(crc16.h)

```
void requestdata(byte *sendstr, int len) ;
void requesttemperature() ;
void requesthumidity() ;
int GetDHTdata(byte *dd) ;
int Parsing_PV(byte idno) ;
unsigned int WordValue(Word *twobyte) ;


//------------------------
    static const unsigned int wCRCTable[] = {
        0X0000, 0XC0C1, 0XC181, 0X0140, 0XC301, 0X03C0, 0X0280, 0XC241,
        0XC601, 0X06C0, 0X0780, 0XC741, 0X0500, 0XC5C1, 0XC481, 0X0440,
        0XCC01, 0X0CC0, 0X0D80, 0XCD41, 0X0F00, 0XCFC1, 0XCE81, 0X0E40,
        0X0A00, 0XCAC1, 0XCB81, 0X0B40, 0XC901, 0X09C0, 0X0880, 0XC841,
        0XD801, 0X18C0, 0X1980, 0XD941, 0X1B00, 0XDBC1, 0XDA81, 0X1A40,
        0X1E00, 0XDEC1, 0XDF81, 0X1F40, 0XDD01, 0X1DC0, 0X1C80, 0XDC41,
        0X1400, 0XD4C1, 0XD581, 0X1540, 0XD701, 0X17C0, 0X1680, 0XD641,
        0XD201, 0X12C0, 0X1380, 0XD341, 0X1100, 0XD1C1, 0XD081, 0X1040,
        0XF001, 0X30C0, 0X3180, 0XF141, 0X3300, 0XF3C1, 0XF281, 0X3240,
        0X3600, 0XF6C1, 0XF781, 0X3740, 0XF501, 0X35C0, 0X3480, 0XF441,
        0X3C00, 0XFCC1, 0XFD81, 0X3D40, 0XFF01, 0X3FC0, 0X3E80, 0XFE41,
        0XFA01, 0X3AC0, 0X3B80, 0XFB41, 0X3900, 0XF9C1, 0XF881, 0X3840,
        0X2800, 0XE8C1, 0XE981, 0X2940, 0XEB01, 0X2BC0, 0X2A80, 0XEA41,
        0XEE01, 0X2EC0, 0X2F80, 0XEF41, 0X2D00, 0XEDC1, 0XEC81, 0X2C40,
        0XE401, 0X24C0, 0X2580, 0XE541, 0X2700, 0XE7C1, 0XE681, 0X2640,
        0X2200, 0XE2C1, 0XE381, 0X2340, 0XE101, 0X21C0, 0X2080, 0XE041,
        0XA001, 0X60C0, 0X6180, 0XA141, 0X6300, 0XA3C1, 0XA281, 0X6240,
        0X6600, 0XA6C1, 0XA781, 0X6740, 0XA501, 0X65C0, 0X6480, 0XA441,
        0X6C00, 0XACC1, 0XAD81, 0X6D40, 0XAF01, 0X6FC0, 0X6E80, 0XAE41,
        0XAA01, 0X6AC0, 0X6B80, 0XAB41, 0X6900, 0XA9C1, 0XA881, 0X6840,
        0X7800, 0XB8C1, 0XB981, 0X7940, 0XBB01, 0X7BC0, 0X7A80, 0XBA41,
        0XBE01, 0X7EC0, 0X7F80, 0XBF41, 0X7D00, 0XBDC1, 0XBC81, 0X7C40,
        0XB401, 0X74C0, 0X7580, 0XB541, 0X7700, 0XB7C1, 0XB681, 0X7640,
```

```
        0X7200, 0XB2C1, 0XB381, 0X7340, 0XB101, 0X71C0, 0X7080, 0XB041,
        0X5000, 0X90C1, 0X9181, 0X5140, 0X9301, 0X53C0, 0X5280, 0X9241,
        0X9601, 0X56C0, 0X5780, 0X9741, 0X5500, 0X95C1, 0X9481, 0X5440,
        0X9C01, 0X5CC0, 0X5D80, 0X9D41, 0X5F00, 0X9FC1, 0X9E81, 0X5E40,
        0X5A00, 0X9AC1, 0X9B81, 0X5B40, 0X9901, 0X59C0, 0X5880, 0X9841,
        0X8801, 0X48C0, 0X4980, 0X8941, 0X4B00, 0X8BC1, 0X8A81, 0X4A40,
        0X4E00, 0X8EC1, 0X8F81, 0X4F40, 0X8D01, 0X4DC0, 0X4C80, 0X8C41,
        0X4400, 0X84C1, 0X8581, 0X4540, 0X8701, 0X47C0, 0X4680, 0X8641,
        0X8201, 0X42C0, 0X4380, 0X8341, 0X4100, 0X81C1, 0X8081, 0X4040 };


unsigned int   ModbusCRC16 (byte *nData, int wLength)
{


    byte nTemp;
    unsigned int wCRCWord = 0xFFFF;

    while (wLength--)
    {
        nTemp = *nData++ ^ wCRCWord;
        wCRCWord >>= 8;
        wCRCWord   ^= wCRCTable[nTemp];
    }
    return wCRCWord;
} // End: CRC16


boolean CompareCRC16(unsigned int stdvalue, uint8_t Hi, uint8_t Lo)
{


    if (stdvalue == Hi*256+Lo)
        {
            return true ;
        }
        else
         {
            return false ;
```

```
        }
}


boolean CRC16Compare(Word *srcvalue, Word *cmpvalue)
{
  //long aa = WordValue(srcvalue);
  // long bb = WordValue(cmpvalue);

      if (WordValue(srcvalue) == WordValue(cmpvalue))
        {
            return true ;
        }
        else
          {
            return false ;
        }

}
```

程式出處：

https://github.com/brucetsao/ePID/tree/main/Comtroller_Codes/NewPCB_FY900_20210621

章節小結

　　本章介紹本書之 FY-900 控制器之硬體開發與實作，並且完成 FY-900 控制器之韌體開發與實作，如此，就可以將 PID 控制器與ＦＹ９００控制器進行整合後，可以透過韌體開發與 PID 控制器進行通訊後，雙向與雲端通訊與控制，並且將 PID 控制器的狀態傳送到雲端平台。希望透過本章節的解說，相信讀者會對 FY-900 控制器之硬體開發與韌體實作，有更深入的了解與體認。

CHAPTER

雲端平台系統開發

本章節主要介紹整個系統的雲端平台的雛型系統(Prototyping System)開發從系統架構到 Web System 的開發一一進行介紹。

雲端系統架構

所以本書提出下圖所示之想法，如果將工業型電腦或桌上型電腦，置換成微處理機(Micro Processor : MCU)，中間使用通訊協定轉接板，將 PID 的 RS485 通訊方法轉為微處理機的 TTL 通訊方式，是一個較佳且成本效益(C/P 值)極高的解決方案。

如下圖所示，筆者使用 NodeMCU-32S Lua WiFi 開發板，透過 TTL2RS-485 模組，與 FY-900 PID 控制器通訊，讀取 PID 控制器所有狀態，並透過 Wifi 無線網路的連線功能，透過無線熱點(Access Point :AP)的橋接，連接上網際網路，將 PID 控制器與連接的感測裝置等資訊送到雲端，筆者也建立對應的雲端主機的雲端服務，可以讓使用者設定 PID 控制器的相關設定或設定的感測裝置等資訊，透過 NodeMCU-32S Lua WiFi 開發板與雲端主機進行雙向連線。

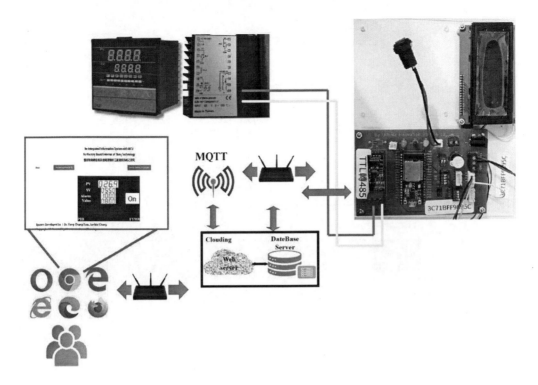

圖 22 控制器系統軟硬體整合架構圖

資料傳送雲端代理人開發

　　如下圖所示，筆者整理出整個系統資訊流架構，由於採用 NodeMCU-32S Lua WiFi 開發板的控制器控制板，需要透過 PID 控制器系統程式(如表 7、表 8、表 9、表 10、表 11 所示)，讀取 FY-900 PID 控制器所有狀態，並透過 Wifi 無線網路的連線功能，透過無線熱點(Access Point :AP)的橋接，連接上網際網路，將 PID 控制器與連接的感測裝置等資訊送到雲端，所以，也必須在雲端主機的建立對應的雲端服務，筆者採用 Restful API 方式，攥寫一個雲端 DB Agent 資料庫代理人，可以讓 PID 控制器系統程式正確無誤的方式傳送資料到雲端主機。

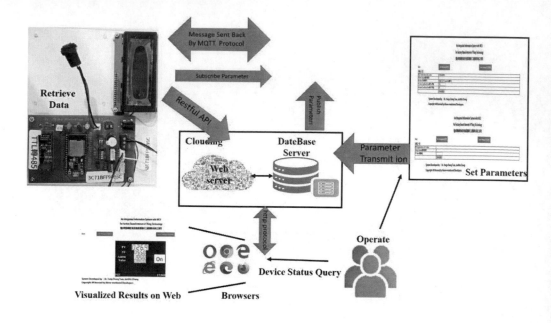

圖 23 系統資訊流架構

雲端 DB Agent 資料庫代理人實作

參考上圖所示，我們將 NodeMCU-32S Lua WiFi 開發板的之 PID 控制器系統程式(如如表 7、表 8、表 9、表 10、表 11 所示)，將 PID 控制器系統程式透過 NodeMCU-32S Lua WiFi 開發板與雲端平台進行通訊，並將連接的 PID 控制器之所有設定與感測元件的資訊讀出後，透過 RestFul API(REST，全名 Representational State Transfer，表現層狀態轉移)的通訊方式，傳送資料到雲端平台的雲端 DB Agent 資料庫代理人程式，將所有資訊存入雲端平台。

所以筆者開發雲端 DB Agent 資料庫代理人程式，如下表所示，並將此程式放入雲端平台之中，讓 NodeMCU-32S Lua WiFi 開發板的之 PID 控制器系統程式與之溝通後，將連接的 PID 控制器之所有設定與感測元件的資訊定時存入雲端平台(Tsao et al., 2021; 張峻瑋, 2020; 曹永忠, 吳佳駿, 許智誠, & 蔡英德, 2016a, 2017a, 2017b; 曹永忠, 許智誠, & 蔡英德, 2015; 曹永忠, 蔡英德, et al., 2020a, 2020b)。

表 12 雲端 DB Agent 資料庫代理人程式(dataadd.php)

雲端 DB Agent 資料庫代理人程式(dataadd.php)

```php
<?php
    include("../sysinit.php");       //使用系統初始化的呼叫程式
    include("../comlib.php");        //使用共用函式庫程式
    include("../Connections/iotcnn.php");        //使用資料庫的呼叫程式
    //    Connection() ;

    $link=Connection();        //產生 mySQL 連線物件


    $temp1=$_GET["MAC"];       //取得 POST 參數 : field1
    $temp1a=$_GET["id"];       //取得 POST 參數 : field1
    $temp2=$_GET["pv"];        //取得 POST 參數 : field2
    $temp3=$_GET["sv"];        //取得 POST 參數 : field3
    $dt =   getdataorder() ;   //取得 POST 參數 : field3

//INSERT INTO `pidController` (`id`,`MAC`,`did`,`crtdatetime`,`systime`,`PV`,`SV`)
VALUES ('', 'AABBCCDDEEFF', '1', CURRENT_TIMESTAMP, '20200630203600',
'22.4', '34.2');
//UPDATE `pidController` SET `PV` = '12' WHERE `pidController`.`id` = 1;
    $query = sprintf("select * from nukiot.pidController where MAC = '%s' and did =
%d",$temp1,$temp1a)    ;
    echo $query ;
    echo "<br>" ;
    $result=mysql_query($query,$link);        //將 dhtdata 的資料找出來(只找最後 5

    $num_rows = mysql_num_rows($result);
        echo "Count for select * from nukiot.pidController (".$num_rows.") <br>" ;

    if ( $num_rows == 0)
    {
            $query1 = sprintf("insert into nukiot.pidController
(MAC,did,systime,PV,PV) VALUES
('%s',%d,'%s',%f,%f )",$temp1,$temp1a,$dt,$temp2,$temp3 );
    }
```

```
    else
    {
        $row = mysql_fetch_assoc($result);
        {
            $query1 = sprintf("update nukiot.pidController set PV = %f,    SV = %f
where id = %d ",$temp2,$temp3,$row['id'] );
        }
    }
    //組成新增到 dhtdata 資料表的 SQL 語法
//http://163.22.24.51:9999/dht/dataadd.php?MAC=AABBCCDDEEFF&t=23&h=98.6
// host is    ==>163.22.24.51:9999
//   app program is ==> /dht/dataadd.php
//   App parameters ==> ?MAC=aabbccddeeff&t=23&h=88


    echo $query1 ;
    echo "<br>" ;
    $result=mysql_query($query1,$link);            //將 dhtdata 的資料找出來(只找最
後 5

    if ($result)
        {
            echo "Successful <br>" ;
        }
        else
        {
            echo "Fail <br>" ;
        }

            ;              //執行 SQL 語法
    echo "<br>" ;
    mysqli_close($link);        //關閉 Query

    ?>
```

程式出處：https://github.com/brucetsao/ePID/tree/main/WebSystem/pid

下表所示為系統初始化的呼叫程式(sysinit.php)。

表 13 系統初始化的呼叫程式(sysinit.php)

系統初始化的呼叫程式(sysinit.php)

```php
<?php
    $devicemac= "CC50E3B6B808" ;

    $deviceid = 1 ;
    $pvvalue = 0.0 ;
    $svvalue= 0.0 ;
    $alarm = 0 ;
    $alarmH = 0.0 ;
    $alarmL = 0.0 ;
?>
<?php
    //    echo $devicemac."<br> 111" ;
    //    echo $deviceid."<br> 112" ;
    //    echo $pvvalue."<br> 113" ;
    //    echo $svvalue."<br> 114" ;

    function GetAlarm($mm,$dd,$para,$ln)
    {
        $tmp = 0.0 ;

        $qrystr = sprintf("select * from nukiot.pidController where Mac = '%s' and did
= %d", $mm,$dd) ;
        $result=mysql_query($qrystr,$ln);            //將 dhtdata 的資料找出來(只找最
後 5
            if($result!==FALSE)
            {
                while($row = mysql_fetch_array($result))
                {
                    switch ($para)
                    {
                        case 0:
                            $tmp = $row["AL1Flag"] ;
                            break;
                        case 1:
```

```php
                                $tmp = $row["AL1L"] ;
                                break;
                         case 2:
                                $tmp = $row["ALT1H"] ;
                                break;
                          default:
                                $tmp = 0;
                                break;
                  }
                  //echo $row["PV"]."<br> GET" ;
        //      $svvalue = $row["SV"] ;
                   mysql_free_result($result);    // 關閉資料集
                   return $tmp ;
            }
        }
                  mysql_free_result($result);    // 關閉資料集
      return $tmp ;
    }
    function GetPV($mm,$dd,$ln)
    {
       $tmp = 0.0 ;

       $qrystr = sprintf("select * from nukiot.pidController where Mac = '%s' and did
= %d", $mm,$dd) ;
       $result=mysql_query($qrystr,$ln);          //將 dhtdata 的資料找出來(只找最
後 5
         if($result!==FALSE)
         {
            while($row = mysql_fetch_array($result))
            {
               $tmp = $row["PV"] ;
               //echo $row["PV"]."<br> GET" ;
        //      $svvalue = $row["SV"] ;
                mysql_free_result($result);    // 關閉資料集
                return $tmp ;
            }
         }
```

```php
                    mysql_free_result($result);    // 關閉資料集
        return $tmp ;
    }


    function GetSV($mm,$dd,$ln)
    {
        $tmp = 0.0 ;

        $qrystr = sprintf("select * from nukiot.pidController where Mac = '%s' and did
= %d", $mm,$dd) ;
        $result=mysql_query($qrystr,$ln);          //將 dhtdata 的資料找出來(只找最
後 5
            if($result!==FALSE)
            {
                while($row = mysql_fetch_array($result))
                {
                    $tmp = $row["SV"] ;
                    //echo $row["PV"]."<br> GET" ;
        //      $svvalue = $row["SV"] ;
                    mysql_free_result($result);    // 關閉資料集
                    return $tmp ;
                }
            }
                    mysql_free_result($result);    // 關閉資料集
        return $tmp ;
    }

    function PVShow($pvalue, $pos)
    {
        $nu = 0 ;
        if ($pos == 0)
            {
                $nu = (int)($pvalue *10) % 10 ;
            }
            else if ($pos == 1)
            {
```

```php
                $nu = (int)$pvalue % 10 ;
        }
        else if ($pos == 2)
        {
                $nu = (int)($pvalue/10)    % 10 ;
        }
        else if ($pos == 3)
        {
                $nu = (int)($pvalue/100)    % 10 ;
        }

    if ($pos == 1)
        {
            return sprintf("<img src='images/p%1dd.jpg' />",$nu) ;
        }
        else
        {
            return sprintf("<img src='images/p%1d.jpg' />",$nu) ;
        }

}

function SVShow($pvalue, $pos)
{
    $nu = 0 ;
    if ($pos == 0)
        {
                $nu = (int)($pvalue *10) % 10 ;
        }
        else if ($pos == 1)
        {
                $nu = (int)$pvalue % 10 ;
        }
        else if ($pos == 2)
        {
                $nu = (int)($pvalue/10)    % 10 ;
        }
```

```php
            else if ($pos == 3)
            {
                    $nu = (int)($pvalue/100)    % 10 ;
            }


    if ($pos == 1)
        {
                return sprintf("<img src='images/s%1dd.jpg' />",$nu) ;
        }
        else
        {
                return sprintf("<img src='images/s%1d.jpg' />",$nu) ;
        }


    }
?>
```

程式出處：https://github.com/brucetsao/ePID/tree/main/WcbSystem

下表所示為共用函式庫程式(comlib.php)。

表 14 共用函式庫程式(comlib.php)

```php
<?php

        /* Defining a PHP Function */
        function getdataorder() {
          $dt = getdate() ;
                $yyyy =   str_pad($dt['year'],4,"0",STR_PAD_LEFT);
                $mm   =   str_pad($dt['mon'] ,2,"0",STR_PAD_LEFT);
                $dd   =   str_pad($dt['mday'] ,2,"0",STR_PAD_LEFT);
                $hh   =   str_pad($dt['hours'] ,2,"0",STR_PAD_LEFT);
                $min  =   str_pad($dt['minutes'] ,2,"0",STR_PAD_LEFT);
                $sec  =   str_pad($dt['seconds'] ,2,"0",STR_PAD_LEFT);

        return ($yyyy.$mm.$dd.$hh.$min.$sec)   ;
        }
```

共用函式庫程式(comlib.php)

```php
        function getdataorder2() {
            $dt = getdate() ;
                $yyyy =   str_pad($dt['year'],4,"0",STR_PAD_LEFT);
                $mm   =   str_pad($dt['mon'] ,2,"0",STR_PAD_LEFT);
                $dd   =   str_pad($dt['mday'] ,2,"0",STR_PAD_LEFT);
                $hh   =   str_pad($dt['hours'] ,2,"0",STR_PAD_LEFT);
                $min  =   str_pad($dt['minutes'] ,2,"0",STR_PAD_LEFT);


            return ($yyyy.$mm.$dd.$hh.$min)   ;
        }
        function getdatetime() {
            $dt = getdate() ;
                $yyyy =   str_pad($dt['year'],4,"0",STR_PAD_LEFT);
                $mm   =   str_pad($dt['mon'] ,2,"0",STR_PAD_LEFT);
                $dd   =   str_pad($dt['mday'] ,2,"0",STR_PAD_LEFT);
                $hh   =   str_pad($dt['hours'] ,2,"0",STR_PAD_LEFT);
                $min  =   str_pad($dt['minutes'] ,2,"0",STR_PAD_LEFT);
                $sec  =   str_pad($dt['seconds'] ,2,"0",STR_PAD_LEFT);


            return ($yyyy."/".$mm."/".$dd." ".$hh.":".$min.":".$sec)   ;
        }



        function trandatetime0($dt) {
                $yyyy =   substr($dt,0,4);
                $mm   =   substr($dt,4,2);
                $dd   =   substr($dt,6,2);
                $hh   =   substr($dt,8,2);
                $min  =   substr($dt,10,2);
                $sec  =   substr($dt,12,2);


            return ($yyyy.$mm.$dd.$hh.$min.$sec)   ;


        }
        function trandatetime($dt) {
                $yyyy =   substr($dt,0,4);
                $mm   =   substr($dt,4,2);
```

```php
        $dd    =    substr($dt,6,2);
        $hh    =    substr($dt,8,2);
        $min   =    substr($dt,10,2);
        $sec   =    substr($dt,12,2);


    return ($yyyy."/".$mm."/".$dd." ".$hh.":".$min)   ;
}
function trandatetime2($dt) {
        $yyyy =    substr($dt,0,4);
        $mm    =    substr($dt,4,2);
        $dd    =    substr($dt,6,2);
        $hh    =    substr($dt,8,2);
        $min   =    substr($dt,10,2);
        $sec   =    substr($dt,12,2);


    return ($mm."/".$dd." ".$hh.":".$min)   ;
}


function trandatetime3($dt) {
        $yyyy =    substr($dt,0,4);
        $mm    =    substr($dt,4,2);
        $dd    =    substr($dt,6,2);
        $hh    =    substr($dt,8,2);
        $min   =    substr($dt,10,2);
        $sec   =    substr($dt,12,2);


    return ($mm."/".$dd." <br>".$hh.":".$min)   ;
}
function trandatetime4($dt) {
        $yyyy =    substr($dt,0,4);
        $mm    =    substr($dt,4,2);
        $dd    =    substr($dt,6,2);
        $hh    =    substr($dt,8,2);
        $min   =    substr($dt,10,2);
        $sec   =    substr($dt,12,2);


    return ($mm."/".$dd."    ".$hh.":".$min)   ;
```

共用函式庫程式(comlib.php)

```
        }
?>


<script>
function goBack() {
    window.history.back();
}
function goForward() {
    window.history.forward();
}
</script>
```

程式出處：https://github.com/brucetsao/ePID/tree/main/WebSystem

下表所示為使用資料庫的呼叫程式(iotcnn.php)。

表 15 使用資料庫的呼叫程式(iotcnn.php)

使用資料庫的呼叫程式(iotcnn.php)

```
<?php
    function Connection()
    {

        $server="localhost";
        $user="dbuser";
        $pass="dbpassword";
        $db="nukiot";
        //echo "cnn is ok 01"."<br>" ;
        $connection = mysql_pconnect($server, $user, $pass);
        //echo "cnn is ok 02"."<br>" ;

        if (!$connection) {
            die('MySQL ERROR: ' . mysql_error());
        }

        //echo "cnn is ok 03"."<br>" ;
        mysql_select_db($db) or die( 'MySQL ERROR: '. mysql_error() );
```

使用資料庫的呼叫程式(iotcnn.php)

```php
        //echo "cnn is ok 04"."<br>" ;
        mysql_query("SET NAMES UTF8");
        //echo "cnn is ok 05"."<br>" ;
        session_start();
        //echo "cnn is ok 06"."<br>" ;


        return $connection   ;
    }

?>
```

程式出處：https://github.com/brucetsao/ePID/tree/main/WebSystem/Connections

雲端資料庫設計

筆者於上文中，開發雲端 DB Agent 資料庫代理人程式需在雲端主機中，設定對應的資料庫與資料表，進行儲存對應的資料，所以本文筆者將介紹雲端資料庫的建立。

若讀者對於使用 PhpmyAdmin 工具建立資料表的讀者不熟這套工具者，可以先參閱筆者著作：『Ameba 程式設計(物聯網基礎篇):An Introduction to Internet of Thing by Using Ameba RTL8195AM』(曹永忠 et al., 2017a)、『Ameba 程序设计(基础篇):Ameba RTL8195AM IOT Programming (Basic Concept & Tricks)』(曹永忠, 吳佳駿, 許智誠, & 蔡英德, 2016b)、『Arduino 程式設計教學(技巧篇):Arduino Programming (Writing Style & Skills))』(曹永忠, 吳佳駿, 許智誠, & 蔡英德, 2017c)、『溫溼度裝置與行動應用開發(智慧家居篇):A Temperature & Humidity Monitoring Device and Mobile APPs Development(Smart Home Series) 』(曹永忠, 許智誠, & 蔡英德, 2018c)、『雲端平台(系統開發基礎篇): The Tiny Prototyping System Development based on QNAP Solution』(曹永忠 et al., 2019b)等書籍，先熟悉這些基本技巧與能力(曹永忠, 許智誠, & 蔡英德, 2018a, 2018d; 曹永忠, 蔡英德, et al., 2020a, 2020b)。

如已熟悉者，讀者可以參考下表，建立 pidController 資料表。

表 16 pidController 資料表欄位規格書

欄位名稱	型態	欄位解釋
id	Int(11)	主鍵
MAC	char(12)	裝置 MAC 網卡編號 (16 進位表示)
did	Int(11)	Modbus 線號
crtdatetime	Timestamp	資料更新日期時間
systime	float	使用者更新時間

PV	float	溫度
SV	float	設定值
AL1L	float	Alarm 設定值(下界)
AL1Flag	tinyint(1)	Alarm 設定開關
ALT1H	float	Alarm 設定值(上界)
Relay1	float	第一組繼電器設定值
Relay1Flag	tinyint(1)	第一組繼電器設定開關
Relay2	float	第二組繼電器設定值
Relay2Flag	tinyint(1)	第二組繼電器設定開關
ALTER TABLE `pidController` ADD PRIMARY KEY (`id`), ADD UNIQUE KEY `MAC` (`MAC`,`did`);		

讀者也可以參考下表，使用 SQL 敘述，建立 pidController 資料表。

表 17 pidController 資料表 SQL 敘述

```
-- phpMyAdmin SQL Dump
-- version 4.8.2
-- https://www.phpmyadmin.net/
--
-- 主機: localhost
-- 產生時間： 2021 年 06 月 22 日 16:52
-- 伺服器版本: 5.5.57-MariaDB
-- PHP 版本： 5.6.31

SET SQL_MODE = "NO_AUTO_VALUE_ON_ZERO";
SET AUTOCOMMIT = 0;
START TRANSACTION;
SET time_zone = "+00:00";
```

```
/*!40101 SET @OLD_CHARACTER_SET_CLIENT=@@CHARACTER_SET_CLIENT
*/;
/*!40101 SET
@OLD_CHARACTER_SET_RESULTS=@@CHARACTER_SET_RESULTS */;
/*!40101 SET
@OLD_COLLATION_CONNECTION=@@COLLATION_CONNECTION */;
/*!40101 SET NAMES utf8mb4 */;


--
-- 資料庫： `nukiot`
--


-- --------------------------------------------------------


--
-- 資料表結構 `pidController`
--

CREATE TABLE `pidController` (
  `id` int(11) NOT NULL COMMENT '主鍵',
  `MAC` char(12) CHARACTER SET ascii NOT NULL COMMENT '裝置 MAC 值',
  `did` int(11) NOT NULL COMMENT 'Modbus 線號',
  `crtdatetime` timestamp NOT NULL DEFAULT CURRENT_TIMESTAMP ON
UPDATE CURRENT_TIMESTAMP COMMENT '資料輸入時間',
  `systime` char(14) CHARACTER SET armscii8 NOT NULL COMMENT '使用者更
新時間',
  `PV` float DEFAULT NULL COMMENT '溫度',
  `SV` float DEFAULT NULL COMMENT '設定值',
  `AL1L` float DEFAULT NULL COMMENT 'Alarm 設定值(下界)',
  `AL1Flag` tinyint(1) DEFAULT NULL COMMENT 'Alarm 設定開關',
  `ALT1H` float DEFAULT NULL COMMENT 'Alarm 設定值(上界)',
  `Relay1` float DEFAULT NULL COMMENT '第一組繼電器設定值',
  `Relay1Flag` tinyint(1) DEFAULT NULL COMMENT '第一組繼電器設定開關',
  `Relay2` float DEFAULT NULL COMMENT '第二組繼電器設定值',
  `Relay2Flag` tinyint(1) DEFAULT NULL COMMENT '第二組繼電器設定開關'
) ENGINE=MyISAM DEFAULT CHARSET=utf8;
```

```
--
-- 資料表的匯出資料 `pidController`
--

INSERT INTO `pidController` (`id`, `MAC`, `did`, `crtdatetime`, `systime`, `PV`, `SV`,
`AL1L`, `AL1Flag`, `ALT1H`, `Relay1`, `Relay1Flag`, `Relay2`, `Relay2Flag`) VALUES
(4, 'CC50E3B6B808', 1, '2020-11-02 09:11:44', '20200701012328', 26.9, 80, 80, 1, 100,
NULL, NULL, NULL, NULL);


--
-- 已匯出資料表的索引
--


--
-- 資料表索引 `pidController`
--
ALTER TABLE `pidController`
  ADD PRIMARY KEY (`id`),
  ADD UNIQUE KEY `MAC` (`MAC`, `did`);


--
-- 在匯出的資料表使用 AUTO_INCREMENT
--


--
-- 使用資料表 AUTO_INCREMENT `pidController`
--
ALTER TABLE `pidController`
  MODIFY `id` int(11) NOT NULL AUTO_INCREMENT COMMENT '主鍵',
AUTO_INCREMENT=5;
COMMIT;

/*!40101 SET CHARACTER_SET_CLIENT=@OLD_CHARACTER_SET_CLIENT */;
/*!40101 SET CHARACTER_SET_RESULTS=@OLD_CHARACTER_SET_RESULTS
*/;
/*!40101 SET COLLATION_CONNECTION=@OLD_COLLATION_CONNECTION */;
```

程式出處：https://github.com/brucetsao/ePID/tree/main/WebSystem/DB_Back

如上表所示，筆者建立 pidController 資料表完成之後，我們可以看到下圖之
pidController 資料表欄位結構圖。

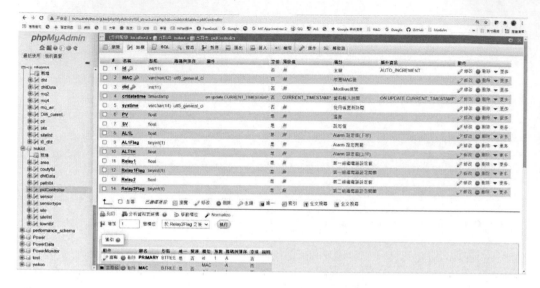

圖 24 pidController 資料表完成圖

雲端系統主頁面

筆者開發之雲端系統之雲端主機設置於暨南國際大學電機工程學系的實驗室機房，網址為：http://nuk.arduino.org.tw:8888/iot.php，進入雲端主機後，如下圖所示，可以看到 FY900 PID 控制器的畫面。

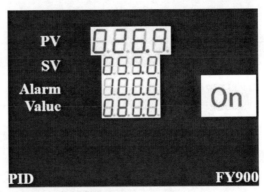

圖 25 雲端主頁畫面

雲端系統架構

接下來介紹筆者開發之雲端系統之功能架構，如下圖所示，由於可以看到雲端系統目前開發的頁面階層架構圖。整個功能可以分為二大主要功能加上回主頁(Home)的功能

- 第一個主要功能為站台管理(Site Management)，往下可以看到顯示所有站台(Display Site)。

- 第二個主要功能為設定控制器(Device Setting)，往下可以看到設定 SV(Set SV)與設定第一組警示(Set Alarm 1)等功能選項。

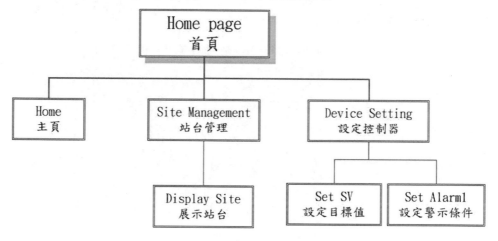

圖 26 雲端系統之功能架構圖

如下圖所示，整個功能可以分為二大功能加上回主頁(Home)的功能(iot.php)，第一個大功能為站台管理(Site Management)，往下可以看到顯示所有站台(Display Site)，程式為 sitelist.php，這個功能主要是針對站台處理新增站台、修改站台與刪除站台等站台編修的細部功能，並可以查詢該站台，也就是連接 PID 控制器的微控器主機，下面有連接多少台 PID 控制器，可以在微控器主機與 PID 控制器電氣連接後，韌體可以辨識多少台 PID 控制器，並透過微控器主機與雲端平台連線後，可以將 PID 控制器的相關資訊存入雲端平台。

第二個大功能為設定控制器(Device Setting)，第一個子功能是設定 SV(Set SV)，程式是 setsv.php，也就是設定控制的臨界值。

第二個子功能是設定第一組警示(Set Alarm 1)，程式是 setalarm.php，這個功能是在監控輸入數值區間，設定一個上下限的區間閥值，當輸入數值到這個上下限的區間閥值時，會驅動警示的繼電器或固態繼電器(Solid State Relay：SSR)為開啟狀態，透過開啟的電路驅動外在的警示裝備及內部嗡鳴器響聲。

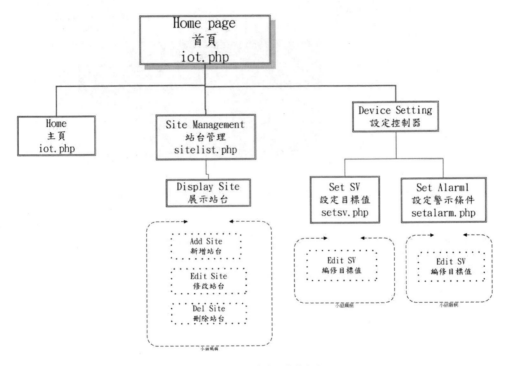

圖 27 系統功能圖

站台管理

如下圖所示，點選第一個選單：站台管理(Site Management)，可以看到出現下拉式選單，出現第一個選單的子功能：顯示所有站台(Display Site)。

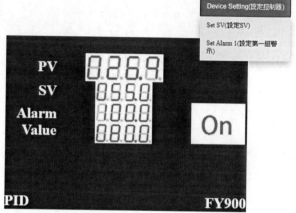

圖 28 站台管理

下表所示為使用資料庫的呼叫程式(iotcnn.php)。

表 18 站台管理主程式(iot.php)

站台管理主程式(iot.php)
<!DOCTYPE html PUBLIC "-//W3C//DTD XHTML 1.0 Transitional//EN" "http://www.w3.org/TR/xhtml1/DTD/xhtml1-transitional.dtd"> <html xmlns="http://www.w3.org/1999/xhtml"> <head> <meta http-equiv="refresh" content="10">

```
<title>運用工業互聯網技術整合工廠既有控制器之系統開發</title>
<link href="./webcss.css" rel="stylesheet" type="text/css" />
<style type="text/css">
#PV {
     position: absolute;
     width: 201px;
     height: 70px;
     z-index: 1;
     left: 761px;
     top: 482px;
}
#SV {
     position: absolute;
     width: 165px;
     height: 52px;
     z-index: 1;
     left: 793px;
     top: 565px;
}
body {
     background-color: #FFF;
}
#myProgress {
   width: 100%;
   background-color: grey;
}

#myBar {
   width: 60%;
   height: 60px;
   background-color: green;
   text-align: center;
   line-height: 60px;
   color: white;
}
</style>
```

```
</head>

<body>
<?php
include 'title.php';
?>


<?php
    include("comlib.php");              //使用資料庫的呼叫程式
    include("./Connections/iotcnn.php");        //使用資料庫的呼叫程式
    include("sysinit.php");             //使用資料庫的呼叫程式

    $link=Connection();         //產生 mySQL 連線物件

//    $pvvalue = 589.4 ;
//    $svvalue = 927.5 ;

    $pvvalue = GetPV($devicemac,$deviceid,$link) ;
    $svvalue = GetSV($devicemac,$deviceid,$link) ;
//    $alarm = GetAlarm($devicemac,$deviceid,0,$link) ;
//    $alarmH = GetAlarm($devicemac,$deviceid,2,$link) ;
//    $alarmL = GetAlarm($devicemac,$deviceid,1,$link) ;

    $alarm = GetAlarm($devicemac,$deviceid,0,$link)   ;
    $alarmH = GetAlarm($devicemac,$deviceid,2,$link)   ;
    $alarmL = GetAlarm($devicemac,$deviceid,1,$link)   ;

//    echo $pvvalue."<br> aaaa" ;

?>


<p> </p>
    <div    align="center">
      <table width="600" border="0" cellpadding="0" cellspacing="0" class="device">
        <tr>
```

```
                <td colspan="3"> </td>
        </tr>
        <tr>
                <td width="128"><div align="right">PV</div></td>
                <td width="334"><div align="center"><?php echo
PVShow($pvvalue,3).PVShow($pvvalue,2).PVShow($pvvalue,1).PVShow($pvvalue,0); ?
></div></td>
                <td width="138"> </td>
        </tr>
        <tr>
                <td><div align="right">SV</div></td>
                <td><div align="center"><?php echo
SVShow($svvalue,3).SVShow($svvalue,2).SVShow($svvalue,1).SVShow($svvalue,0); ?>
</div></td>
                <td> </td>
        </tr>
        <tr>
                <td rowspan="2"><div align="right">Alarm Value</div>
<div align="right"></div></td>
                <td><div align="center"><?php echo
SVShow($alarmH,3).SVShow($alarmH,2).SVShow($alarmH,1).SVShow($alarmH,0); ?><
/div></td>
                <td rowspan="2"><img src='images/<?php echo(($alarm==1)?"alar-
non.jpg":"alarnoff.jpg");?>' width="134" height="100" /></td>
        </tr>
        <tr>
                <td><div align="center"><?php    echo
SVShow($alarmL,3).SVShow($alarmL,2).SVShow($alarmL,1).SVShow($alarmL,0); ?></
div></td>
        </tr>
        <tr>
                <td colspan="3"> </td>
        </tr>
        <tr>
                <td colspan="3"> </td>
        </tr>
        <tr>
```

站台管理主程式(iot.php)

```
                <td colspan="3"> </td>
            </tr>
            <tr>
                <td width="128"><div align="left">PID</div></td>
                <td width="334"><div align="center"></div></td>
                <td width="138"><div align="right">FY900</div></td>
            </tr>
        </table>
    </div>

<?php
include 'footer.php';
?>

</body>
</html>
```

程式出處：https://github.com/brucetsao/ePID/tree/main/WebSystem

下表所示為雲端主程式菜單副程式(title.php)。

表 19 雲端主程式菜單副程式(title.php)

雲端主程式菜單副程式(title.php)

```
<style>
.dropbtn {
    background-color: #3498DB;
    color: white;
    padding: 16px;
    font-size: 16px;
    border: none;
    cursor: pointer;
}


.dropbtn1 {
    background-color: #3498DB;
```

```css
        color: white;
        padding: 16px;
        font-size: 16px;
        border: none;
        cursor: pointer;
}

.dropbtn2 {
        background-color: #3498DB;
        color: white;
        padding: 16px;
        font-size: 16px;
        border: none;
        cursor: pointer;
}

.dropbtn3 {
        background-color: #3498DB;
        color: white;
        padding: 16px;
        font-size: 16px;
        border: none;
        cursor: pointer;
}

.dropbtn:hover, .dropbtn:focus {
        background-color: #2980B9;
}

.dropbtn1:hover, .dropbtn1:focus {
        background-color: #2980B9;
}

.dropbtn2:hover, .dropbtn2:focus {
        background-color: #2980B9;
}
```

```css
.dropbtn3:hover, .dropbtn3:focus {
    background-color: #2980B9;
}

.dropdown {
    position: relative;
    display: inline-block;
}

.dropdown1 {
    position: relative;
    display: inline-block;
}

.dropdown2 {
    position: relative;
    display: inline-block;
}

.dropdown3 {
    position: relative;
    display: inline-block;
}

.dropdown-content {
    display: none;
    position: absolute;
    background-color: #f1f1f1;
    min-width: 160px;
    overflow: auto;
    box-shadow: 0px 8px 16px 0px rgba(0,0,0,0.2);
    z-index: 1;
}

.dropdown-content1 {
    display: none;
    position: absolute;
```

```
    background-color: #f1f1f1;
    min-width: 160px;
    overflow: auto;
    box-shadow: 0px 8px 16px 0px rgba(0,0,0,0.2);
    z-index: 1;
}

.dropdown-content2 {
    display: none;
    position: absolute;
    background-color: #f1f1f1;
    min-width: 160px;
    overflow: auto;
    box-shadow: 0px 8px 16px 0px rgba(0,0,0,0.2);
    z-index: 1;
}

.dropdown-content3 {
    display: none;
    position: absolute;
    background-color: #f1f1f1;
    min-width: 160px;
    overflow: auto;
    box-shadow: 0px 8px 16px 0px rgba(0,0,0,0.2);
    z-index: 1;
}

.dropdown-content a {
    color: black;
    padding: 12px 16px;
    text-decoration: none;
    display: block;
}

.dropdown-content1 a {
    color: black;
    padding: 12px 16px;
```

```css
        text-decoration: none;
        display: block;
}

.dropdown-content2 a {
        color: black;
        padding: 12px 16px;
        text-decoration: none;
        display: block;
}

.dropdown-content3 a {
        color: black;
        padding: 12px 16px;
        text-decoration: none;
        display: block;
}

.dropdown a:hover {background-color: #ddd;}
.dropdown1 a:hover {background-color: #ddd;}
.dropdown2 a:hover {background-color: #ddd;}
.dropdown3 a:hover {background-color: #ddd;}

.show {display: block;}
</style>

<script>
/* When the user clicks on the button,
toggle between hiding and showing the dropdown content */
function myFunction() {
        document.getElementById("myDropdown").classList.toggle("show");
}
function myFunction1() {
        document.getElementById("myDropdown1").classList.toggle("show");
}
function myFunction2() {
        document.getElementById("myDropdown2").classList.toggle("show");
```

```
}
function myFunction3() {
    document.getElementById("myDropdown3").classList.toggle("show");
}

// Close the dropdown if the user clicks outside of it
window.onclick = function(event) {
  if (!event.target.matches('.dropbtn')) {

    var dropdowns = document.getElementsByClassName("dropdown-content");
    var i;
    for (i = 0; i < dropdowns.length; i++) {
      var openDropdown = dropdowns[i];
      if (openDropdown.classList.contains('show')) {
        openDropdown.classList.remove('show');
      }
    }
  }
  if (!event.target.matches('.dropbtn1')) {

    var dropdowns1 = document.getElementsByClassName("dropdown-content1");
    var i;
    for (i = 0; i < dropdowns1.length; i++) {
      var openDropdown = dropdowns1[i];
      if (openDropdown.classList.contains('show')) {
        openDropdown.classList.remove('show');
      }
    }
  }
  if (!event.target.matches('.dropbtn2')) {

    var dropdowns2 = document.getElementsByClassName("dropdown-content2");
    var i;
    for (i = 0; i < dropdowns2.length; i++) {
      var openDropdown = dropdowns2[i];
      if (openDropdown.classList.contains('show')) {
        openDropdown.classList.remove('show');
```

```
            }
        }
    }
    if (!event.target.matches('.dropbtn3')) {

        var dropdowns3 = document.getElementsByClassName("dropdown-content3");
        var i;
        for (i = 0; i < dropdowns3.length; i++) {
            var openDropdown = dropdowns3[i];
            if (openDropdown.classList.contains('show')) {
                openDropdown.classList.remove('show');
            }
        }
    }
}
</script>

<table width="100%" border="0">
    <tr>
        <td width="91%"><div align="center"><img src="/images/NUK_Title_logo.jpg"
width="900" height="193" /></div></td>
    </tr>
</table>
<table width="100%" border="0">
    <tr>
        <td width="20%">
                <a href="/iot.php">Home</a>
        </td>
        <td width="40%">
                <div class="dropdown">
                <button onClick="myFunction()" class="dropbtn">Site Management(管
理)</button>
                    <div id="myDropdown" class="dropdown-content">
                        <a href="/site/sitelist.php">Display Site(顯示所有站台)</a>
                    </div>
                </div>
        </td>
```

雲端主程式菜單副程式(title.php)

```
    <td width="40%">
            <div class="dropdown">
            <button onClick="myFunction1()" class="dropbtn">Device Setting(設定
控制器)</button>
                    <div id="myDropdown1" class="dropdown-content">
                    <a href="/pid/setsv.php<?php echo
sprintf("?MAC=%s&SID=%d",$devicemac,$deviceid) ;?>">Set SV(設定 SV)</a>
                    <a href="/pid/setalarm.php<?php echo
sprintf("?MAC=%s&SID=%d",$devicemac,$deviceid) ;?>">Set Alarm 1(設定第一組警
示)</a>
                    </div>
            </div>
    </td>
  </tr>
</table>
```

程式出處：https://github.com/brucetsao/ePID/tree/main/WebSystem

下表所示為雲端主程式頁面底端副程式(footer.php)。

表 20 雲端主程式頁面底端副程式(footer.php)

雲端主程式頁面底端副程式(footer.php)

`<table width="98%" border="0" align="center" cellpadding="0" cellspacing="0" class="footerBody">`
`    <td width="100%" align="left"><img src="/images/nuk_footers.jpg"   /></td>`
`  </tr>`
`</table>`

程式出處：https://github.com/brucetsao/ePID/tree/main/WebSystem

下表所示為雲端系統格式檔(webcss.css)。

表 21 雲端系統格式檔(webcss.css)

雲端系統格式檔(webcss.css)

`<style type="text/css">`
`/* Navbar container */`
`</style>.nodata {`
`}`
`#nodata {`
`    background-color: #FF6;`
`}`
`#maptop{`
`    vertical-align:text-top;`
`}`
`#container {`
`    height: 400px;`
`}`
`.FY900{`
`    width: 418 px;`
`    height: 415 px;`
`    text-align: center;`
`}`

```css
.PV1 {
    position: relative;
    width: 48 px;
    height: 68 px;
    top: 60px;
    left: 108px;
}

.PV2 {
    position: relative;
    width: 48 px;
    height: 68 px;
    top: 60px;
    left: 158px;
}
.PV3 {
    position: relative;
    width: 48 px;
    height: 68 px;
    top: 60px;
    left: 208px;
}
.PV4 {
    position: relative;
    width: 48 px;
    height: 68 px;
    top: 60px;
    left: 258px;
}


.highcharts-figure, .highcharts-data-table table {
    min-width: 310px;
    max-width: 500px;
    margin: 1em auto;
}
```

```css
.highcharts-data-table table {
    font-family: Verdana, sans-serif;
    border-collapse: collapse;
    border: 1px solid #EBEBEB;
    margin: 10px auto;
    text-align: center;
    width: 100%;
    max-width: 500px;
}
.highcharts-data-table caption {
    padding: 1em 0;
    font-size: 1.2em;
    color: #555;
}
.highcharts-data-table th {
    font-weight: 600;
    padding: 0.5em;
}
.highcharts-data-table td, .highcharts-data-table th, .highcharts-data-table caption {
    padding: 0.5em;
}
.highcharts-data-table thead tr, .highcharts-data-table tr:nth-child(even) {
    background: #f8f8f8;
}
.highcharts-data-table tr:hover {
    background: #f1f7ff;
}
.Product_block_hot{
    position: relative;//設為相對定位(relative)
    text-align: center;
    border:2px solid black;
}

//hot 紅色區塊
.device {
    font-size: 36px;
    background-color: #1F1A17;
```

```
}
.device {
    font-size: 36px;
    background-color: #1F1A17;
    color: #FFF;
    font-style: normal;
    font-weight: bold;
}
```

程式出處：https://github.com/brucetsao/ePID/tree/main/WebSystem

如下圖所示，點選第一個選單的子功能：顯示所有站台(Display Site)後，可以見到目前已經建立的所有站台資料。

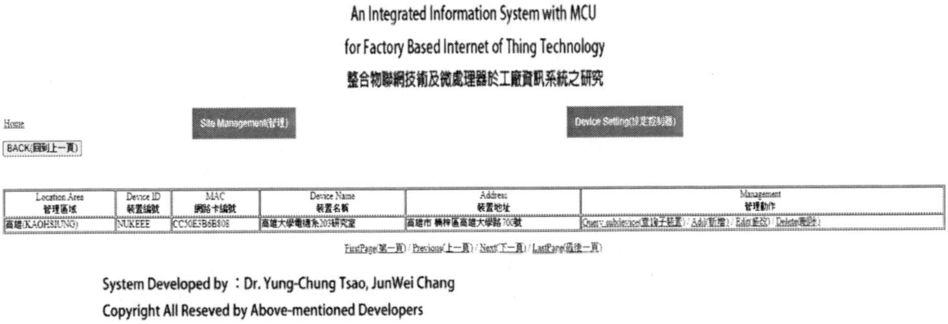

圖 29 顯示所有站台

下表所示為顯示所有站台程式(sitelist.php)。

表 22 顯示所有站台程式(sitelist.php)

顯示所有站台(sitelist.php)

```php
<?php
    include("../comlib.php");        //共用函式程式
    include('../Connections/iot.php'); //使用資料庫的呼叫程式

?>
<?php
if (!function_exists("GetSQLValueString")) {
function GetSQLValueString($theValue, $theType, $theDefinedValue = "", $theNotDe-
finedValue = "")
{
  if (PHP_VERSION < 6) {
    $theValue = get_magic_quotes_gpc() ? stripslashes($theValue) : $theValue;
  }

  $theValue = function_exists("mysql_real_escape_string") ? mysql_real_es-
cape_string($theValue) : mysql_escape_string($theValue);

  switch ($theType) {
    case "text":
      $theValue = ($theValue != "") ? "'" . $theValue . "'" : "NULL";
      break;
    case "long":
    case "int":
      $theValue = ($theValue != "") ? intval($theValue) : "NULL";
      break;
    case "double":
      $theValue = ($theValue != "") ? doubleval($theValue) : "NULL";
      break;
    case "date":
      $theValue = ($theValue != "") ? "'" . $theValue . "'" : "NULL";
      break;
    case "defined":
      $theValue = ($theValue != "") ? $theDefinedValue : $theNotDefinedValue;
```

```
        break;
    }
    return $theValue;
}
}

$currentPage = $_SERVER["PHP_SELF"];

$maxRows_Recordset1 = 10;
$pageNum_Recordset1 = 0;
if (isset($_GET['pageNum_Recordset1'])) {
    $pageNum_Recordset1 = $_GET['pageNum_Recordset1'];
}
$startRow_Recordset1 = $pageNum_Recordset1 * $maxRows_Recordset1;

mysql_select_db($database_iot, $iot);
$query_Recordset1 = "select * from nukiot.site as a , nukiot.area as b where a.areaid =
b.areaid   ORDER BY b.areaname DESC , a.siteid ASC ";
$query_limit_Recordset1 = sprintf("%s LIMIT %d, %d", $query_Recordset1, $star-
tRow_Recordset1, $maxRows_Recordset1);
$Recordset1 = mysql_query($query_limit_Recordset1, $iot) or die(mysql_error());
$row_Recordset1 = mysql_fetch_assoc($Recordset1);
//echo $query_Recordset1."<br>" ;
if (isset($_GET['totalRows_Recordset1'])) {
    $totalRows_Recordset1 = $_GET['totalRows_Recordset1'];
} else {
    $all_Recordset1 = mysql_query($query_Recordset1);
    $totalRows_Recordset1 = mysql_num_rows($all_Recordset1);
}
$totalPages_Recordset1 = ceil($totalRows_Recordset1/$maxRows_Recordset1)-1;

$queryString_Recordset1 = "";
if (!empty($_SERVER['QUERY_STRING'])) {
    $params = explode("&", $_SERVER['QUERY_STRING']);
    $newParams = array();
    foreach ($params as $param) {
        if (stristr($param, "pageNum_Recordset1") == false &&
```

```
            stristr($param, "totalRows_Recordset1") == false) {
        array_push($newParams, $param);
      }
    }
  if (count($newParams) != 0) {
    $queryString_Recordset1 = "&" . htmlentities(implode("&", $newParams));
  }
}
$queryString_Recordset1 = sprintf("&totalRows_Recordset1=%d%s", $totalRows_Rec-
ordset1, $queryString_Recordset1);
?>
<?php include("../Connections/iot.php");        //使用資料庫的呼叫程式式    ?>


<!DOCTYPE html PUBLIC "-//W3C//DTD XHTML 1.0 Transitional//EN"
"http://www.w3.org/TR/xhtml1/DTD/xhtml1-transitional.dtd">
<html xmlns="http://www.w3.org/1999/xhtml">
<head>
<meta http-equiv="Content-Type" content="text/html; charset=utf-8" />
<title>Pid Control Center</title>
<link href="../webcss.css" rel="stylesheet" type="text/css" />
<script type="text/javascript">
function tfm_confirmLink(message) { //v1.0
    if(message == "") message = "Ok to continue?";
    document.MM_returnValue = confirm(message);
}
</script>
</head>


<body>
<?php
include '../title.php';
?>
<input type ="button" onclick="history.back()" value="BACK(回到上一頁)">
</input>
<form id="form1" name="form1" method="post" action="">
  <p> </p>
  <table width="100%" border="1">
```

顯示所有站台(sitelist.php)

```php
    <tr>
      <td><div align="center">Location Area <br />  管理區域</div></td>
      <td><div align="center">Device ID<br>裝置編號</div></td>
      <td><div align="center">MAC<br>網路卡編號</div></td>
      <td><div align="center">Device Name<br>裝置名稱</div></td>
      <td><div align="center">Address<br>裝置地址</div></td>
      <td><div align="center">Management<br>管理動作</div></td>
    </tr>

      <?php do { ?>
      <tr>
      <td><?php echo $row_Recordset1['areaname']."(".$row_Recordset1['ar-
eaid'].")"; ?></td>
      <td><?php echo $row_Recordset1['siteid']; ?></td>
      <td><?php echo $row_Recordset1['MAC']; ?></td>
      <td><?php echo $row_Recordset1['sitename']; ?></td>
      <td><?php echo $row_Recordset1['address']; ?></td>
        <td><a href="<?php echo sprintf("device-
list.php?sid=%d&MAC=%s",$row_Recordset1['id'],$row_Recordset1['MAC']); ?>" tar-
get="_self">Query subdevice(查詢子裝置)</a> / <a href="siteadd.php">Add(新增)</a>
/ <a href="siteedt.php?sid=<?php echo $row_Recordset1['id']; ?>" target="_self">Edit(修
改)</a> / <a href="sitedel.php?sid=<?php echo $row_Recordset1['id']; ?>" on-
click="tfm_confirmLink('確認要刪除這筆資料嗎????(刪除後無法還原歐)');return
document.MM_returnValue">Delete(刪除)</a></td>
      </tr>
      <?php } while ($row_Recordset1 = mysql_fetch_assoc($Recordset1)); ?>

  </table>
  <p align="center"> <a href="<?php printf("%s?pageNum_Recordset1=%d%s",
$currentPage, 0, $queryString_Recordset1); ?>">FirstPage(第一頁)</a> / <a href="<?php
printf("%s?pageNum_Recordset1=%d%s", $currentPage, max(0, $pageNum_Recordset1 -
1), $queryString_Recordset1); ?>">Previous(上一頁)</a> / <a href="<?php
printf("%s?pageNum_Recordset1=%d%s", $currentPage, min($totalPages_Recordset1,
$pageNum_Recordset1 + 1), $queryString_Recordset1); ?>">Next(下一頁)</a> / <a
href="<?php printf("%s?pageNum_Recordset1=%d%s", $currentPage, $totalPages_Rec-
ordset1, $queryString_Recordset1); ?>">LastPage(最後一頁)</a></p>
```

顯示所有站台(sitelist.php)

```php
</form>


<?php
include '../footer.php';
?>
</body>
</html>
<?php
mysql_free_result($Recordset1);
?>
```

程式出處：https://github.com/brucetsao/ePID/tree/main/WebSystem/site

如下圖所示，可以點選目前測試資料中的站台後面，有查詢子裝置，新增站台、站台修改、刪除站台等功能。

進入本功能後，點選新增站台功能後，可以看到出現新增站台的網頁畫面，由於每一個站台，會針對連接 PID 控制器的微控器主機之網路卡編號，將其對應到新增的站台的辨識資訊，將其網路卡編號設定為索引號，供後續索引與應用。

An Integrated Information System with MCU

for Factory Based Internet of Thing Technology

整合物聯網技術及微處理器於工廠資訊系統之研究

Home
Site Management(管理)
Device Setting(設定按鈕)

BACK(回到上一頁)

MAC 網路卡編號	
Device ID 裝置編號	
Device Name 裝置名稱	
Address 裝置地址	轉換座標
Latitude(緯度)	
Longitude(經度)	
Location Area 管理區域	南投
Reset(重設)	Submit(送出)

System Developed by：Dr. Yung-Chung Tsao, JunWei Chang

Copyright All Reseved by Above-mentioned Developers

圖 30 新增站台

下表所示為新增站台程式(siteadd.php)。

表 23 新增站台程式(siteadd.php)

新增站台程式(siteadd.php)

```php
<?php
include("../comlib.php");        //使用資料庫的呼叫程式
include('../Connections/iot.php');



?>
<?php
if (!function_exists("GetSQLValueString")) {
function GetSQLValueString($theValue, $theType, $theDefinedValue = "", $theNotDe-
finedValue = "")
{
  if (PHP_VERSION < 6) {
    $theValue = get_magic_quotes_gpc() ? stripslashes($theValue) : $theValue;
  }

  $theValue = function_exists("mysql_real escape_string") ? mysql_real_es-
cape_string($theValue) : mysql_escape_string($theValue);

  switch ($theType) {
    case "text":
      $theValue = ($theValue != "") ? "'" . $theValue . "'" : "NULL";
      break;
    case "long":
    case "int":
      $theValue = ($theValue != "") ? intval($theValue) : "NULL";
      break;
    case "double":
      $theValue = ($theValue != "") ? doubleval($theValue) : "NULL";
      break;
    case "date":
```

```
        $theValue = ($theValue != "") ? "'" . $theValue . "'" : "NULL";
        break;
      case "defined":
        $theValue = ($theValue != "") ? $theDefinedValue : $theNotDefinedValue;
        break;
    }
    return $theValue;
  }
}

$editFormAction = $_SERVER['PHP_SELF'];
if (isset($_SERVER['QUERY_STRING'])) {
  $editFormAction .= "?" . htmlentities($_SERVER['QUERY_STRING']);
}

if ((isset($_POST["MM_insert"])) && ($_POST["MM_insert"] == "form1")) {
  $insertSQL = sprintf("insert into nukiot.site(MAC ,siteid , sitename, address, longitude,
latitude, areaid) VALUES (%s,%s, %s, %s, %s, %s, %s)",
                        GetSQLValueString($_POST['select1'], "text"),
                        GetSQLValueString($_POST['textfield1'], "text"),
                        GetSQLValueString($_POST['textfield2'], "text"),
                        GetSQLValueString($_POST['textfield3'], "text"),
                        GetSQLValueString($_POST['textfield5'], "double"),
                        GetSQLValueString($_POST['textfield4'], "double"),
                        GetSQLValueString($_POST['select2'], "text"));

   //echo   $insertSQ."<br>" ;
  mysql_select_db($database_iot, $iot);
  $Result1 = mysql_query($insertSQL, $iot) or die(mysql_error());
    $insertGoTo = "sitelist.php";

  if (isset($_SERVER['QUERY_STRING'])) {
    $insertGoTo .= (strpos($insertGoTo, '?')) ? "&" : "?";
    $insertGoTo .= $_SERVER['QUERY_STRING'];
  }
  header(sprintf("Location: %s", $insertGoTo));
```

```php
}
?>
<?php


    $str2 =   "select MAC from nukiot.pidController where MAC not in (select MAC
from nukiot.site group by mac) group by MAC" ;
//    $result=mysql_query("SELECT * FROM `ppgtbl` order by `room_name` ",$iot);
    $result2=mysql_query($str2,$iot);

    $str3 =   "select * from nukiot.area order by    areaname    asc" ;
    $result3=mysql_query($str3,$iot);

?>
```

```html
<!DOCTYPE html PUBLIC "-//W3C//DTD XHTML 1.0 Transitional//EN"
"http://www.w3.org/TR/xhtml1/DTD/xhtml1-transitional.dtd">
<html xmlns="http://www.w3.org/1999/xhtml">
<head>
<meta http-equiv="Content-Type" content="text/html; charset=utf-8" />
<title>Add Pid Control Center</title>
<link href="../webcss.css" rel="stylesheet" type="text/css" />
</head>

<body>
<?php
include '../title.php';
?>
<input type ="button" onclick="history.back()" value="BACK(回到上一頁)">
</input>
<form id="form1" name="form1" method="POST" action="<?php echo $editFor-
mAction; ?>">
  <table width="100%" border="1">
    <tr>
      <td>MAC<br /> 網路卡編號</td>
      <td width="80%"><label for="textfield01">
        <select name="select1" id="select1">
```

新增站台程式(siteadd.php)

```php
        <?php
        if($result2 !==FALSE){
            while($row = mysql_fetch_array($result2)) {
                printf(" <option value='%s'>%s</option>",
                    $row["MAC"], $row["MAC"]);
            }
            mysql_free_result($result2);
        }
    ?>
        </select>
    </label></td>

</tr>

<tr>
    <td width="20%">Device ID<br>裝置編號</td>
    <td><label for="textfield1"></label>
    <input name="textfield1" type="text" id="textfield2" size="12" /></td>
</tr>
<tr>
    <td>Device Name<br>裝置名稱</td>
    <td><label for="textfield2">
        <input name="textfield2" type="text" id="textfield" size="25" />
    </label></td>
</tr>
<tr>
    <td>Address<br>裝置地址</td>
    <td><label for="textfield3">
        <input name="textfield3" type="text" id="address" size="80" />
    </label><input type="button" id="send" value="轉換座標"></td>
</tr>
<tr>
    <td>Latitude(緯度)</td>
    <td><label for="textfield4">
        <input name="textfield4" type="text"    id="lat"    size="16" />
    </label></td>
</tr>
```

新增站台程式(siteadd.php)

```
    <tr>
     <td>Longitude(經度)</td>
     <td><label for="textfield5">
        <input name="textfield5" type="text" id="lng"    size="16" />
     </label></td>
    </tr>
    <tr>
     <td>Location Area <br /> 管理區域</td>
     <td width="80%"><label for="textfield6">
        <select name="select2" id="select2">
          <?php
          if($result3 !==FALSE){
              while($row = mysql_fetch_array($result3)) {
                  printf(" <option value='%s'>%s</option>",
                      $row["areaid"], $row["areaname"]);
              }
              mysql_free_result($result3);
          }
        ?>
        </select>
     </label></td>


    </tr>
    <tr>
     <td><input type="reset" name="button2" id="button2" value="Reset(重設)"
/></td>
     <td><input type="submit" name="button" id="button" value="Submit(送出)"
/></td>
    </tr>
  </table>
  <p>
    <input type="hidden" name="MM_insert" value="form1" />
</p>
</form>
<p id="msg"></p>
<script src="https://code.jquery.com/jquery-3.4.1.min.js"></script>
```

新增站台程式(siteadd.php)

```
<script>
  $('#send').on('click', function(){
    var address = $('#address').val()
    if (address)
      addToLatLng(address)
    else
      alert('Please Input Address')
  });

  function addToLatLng (address) {
    $.ajax({
      url: 'https://api.map8.zone/v2/place/geocode/json?key=<?php echo
$map8key; ?>&address=' + address
    }).done(function(response) {
      var msg = ''
      var result = response.results[0]

      if (result.level == 'fuzzy' || result.authoritative == "false")
        msg = 'Please Input Complete and Exact Address for get exact results'
      if (result.formatted_address == '')
        msg = 'Please Input Complete and Exact Address'

      $('#lat').val(result.geometry.location.lat)
      $('#lng').val(result.geometry.location.lng)
      $('#msg').html(msg)
    }).fail(function(result) {
      $('#msg').text('Can't Get Address Data，Please Confirm Internet Connection is
OK?? and MAP Certificate is valid')
    });
  }
</script>
<?php
include '../footer.php';
?>
</body>
</html>
```

程式出處：https://github.com/brucetsao/ePID/tree/main/WebSystem/site

如下圖所示，可以點選目前測試資料中的站台後面，站台修改功能。

進入本功能後，點選站台修改功能後，可以看到系統自動帶出這台站台對應資訊，並可以將站台的相關內容資訊，進行修正，由於每一個站台，會針對連接 PID 控制器的微控器主機之網路卡編號，而其網路卡編號為索引號，所以這個網路卡編號一旦設定後，無法進行變更。

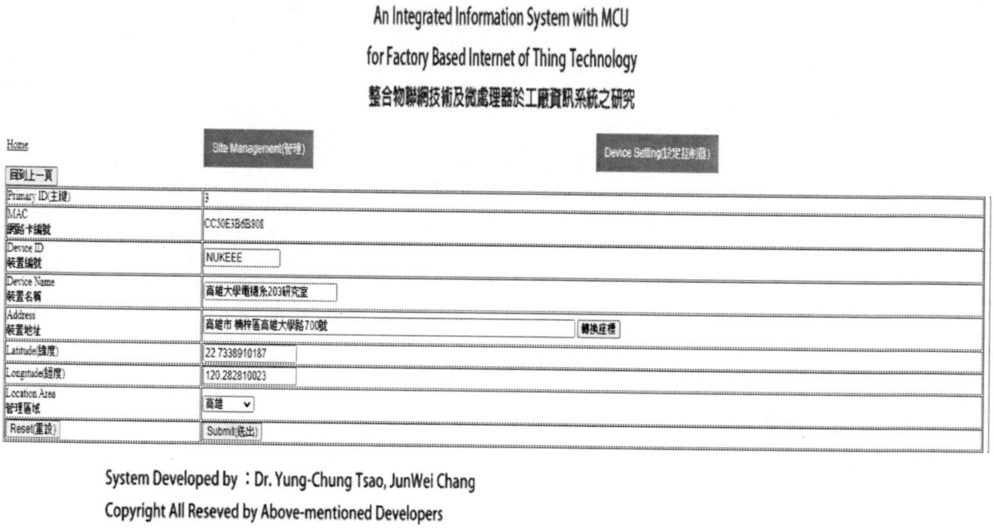

圖 31 修改站台

下表所示為修改站台程式(siteedt.php)。

表 24 修改站台程式(siteedt.php)

修改站台程式(siteedt.php)

``
<?php
include("../comlib.php");   //使用資料庫的呼叫程
include('../Connections/iot.php');
 	
?>
<?php
if (!function_exists("GetSQLValueString")) {
``

```php
function GetSQLValueString($theValue, $theType, $theDefinedValue = "", $theNotDe-
finedValue = "")
{
  if (PHP_VERSION < 6) {
    $theValue = get_magic_quotes_gpc() ? stripslashes($theValue) : $theValue;
  }

  $theValue = function_exists("mysql_real_escape_string") ? mysql_real_es-
cape_string($theValue) : mysql_escape_string($theValue);

  switch ($theType) {
    case "text":
      $theValue = ($theValue != "") ? "'" . $theValue . "'" : "NULL";
      break;
    case "long":
    case "int":
      $theValue = ($theValue != "") ? intval($theValue) : "NULL";
      break;
    case "double":
      $theValue = ($theValue != "") ? doubleval($theValue) : "NULL";
      break;
    case "date":
      $theValue = ($theValue != "") ? "'" . $theValue . "'" : "NULL";
      break;
    case "defined":
      $theValue = ($theValue != "") ? $theDefinedValue : $theNotDefinedValue;
      break;
  }
  return $theValue;
}
}

$editFormAction = $_SERVER['PHP_SELF'];
if (isset($_SERVER['QUERY_STRING'])) {
  $editFormAction .= "?" . htmlentities($_SERVER['QUERY_STRING']);
}
```

修改站台程式(siteedt.php)

```php
if ((isset($_POST["MM_update"])) && ($_POST["MM_update"] == "form1")) {
    $updateSQL = sprintf("update nukiot.site SET    siteid=%s,siteid=%s, sitename=%s, ad-
dress=%s, longitude=%s, latitude=%s, areaid=%s WHERE id=%s",
                                GetSQLValueString($_POST['textfield1'], "text"),
                                GetSQLValueString($_POST['textfield2'], "text"),
                                GetSQLValueString($_POST['textfield3'], "text"),
                                GetSQLValueString($_POST['textfield5'], "double"),
                                GetSQLValueString($_POST['textfield4'], "double"),
                                GetSQLValueString($_POST['select2'], "text"),
                                GetSQLValueString($_POST['textfield7'], "int"));

    mysql_select_db($database_iot, $iot);
    $Result1 = mysql_query($updateSQL, $iot) or die(mysql_error());

    $updateGoTo = "sitelist.php";
    if (isset($_SERVER['QUERY_STRING']))
    {
        $updateGoTo .= (strpos($updateGoTo, '?')) ? "&" : "?";
        $updateGoTo .= $_SERVER['QUERY_STRING'];
    }
    header(sprintf("Location: %s", $updateGoTo));
}

$colname_Recordset1 = "-1";
if (isset($_GET['sid'])) {
    $colname_Recordset1 = $_GET['sid'];
}
mysql_select_db($database_iot, $iot);
$query_Recordset1 = sprintf("select * from nukiot.site WHERE id = %s",
GetSQLValueString($colname_Recordset1, "text"));
$Recordset1 = mysql_query($query_Recordset1, $iot) or die(mysql_error());
$row_Recordset1 = mysql_fetch_assoc($Recordset1);
$totalRows_Recordset1 = mysql_num_rows($Recordset1);
?>
<?php
```

```
    $str3 =    "select * from area order by    areaname    asc" ;

//    $result=mysql_query("SELECT * FROM `ppgtbl` order by `room_name` ",$iot);

    $result3=mysql_query($str3,$iot);

?>

<!DOCTYPE html PUBLIC "-//W3C//DTD XHTML 1.0 Transitional//EN"
"http://www.w3.org/TR/xhtml1/DTD/xhtml1-transitional.dtd">
<html xmlns="http://www.w3.org/1999/xhtml">
<head>
<meta http-equiv="Content-Type" content="text/html; charset=utf-8" />
<title>Modify Pid Control Center.</title>
<link href="../webcss.css" rel="stylesheet" type="text/css" />
</head>

<body>
<?php
include '../title.php';
?>
<input type ="button" onclick="history.back()" value="回到上一頁"></input>
<form action="<?php echo $editFormAction; ?>" id="form1" name="form1"
method="POST">
  <table width="100%" border="1">

      <tr>
      <td width="20%">Primary ID(主鍵)</td>
      <td><?php echo $row_Recordset1['id']; ?></td>
    </tr>

      <tr>
      <td>MAC<br /> 網路卡編號</td>
      <td><?php echo $row_Recordset1['MAC']; ?></td>
    </tr>
```

修改站台程式(siteedt.php)

```
    <tr>
      <td width="20%">Device ID<br>裝置編號</td>
      <td><label for="textfield1"></label>
      <input name="textfield1" type="text" id="textfield2" value="<?php echo
$row_Recordset1['siteid']; ?>" size="12" /></td>
    </tr>
    <tr>
      <td>Device Name<br>裝置名稱</td>
      <td><label for="textfield2">
        <input name="textfield2" type="text" id="textfield" value="<?php echo
$row_Recordset1['sitename']; ?>" size="25" />
      </label></td>
    </tr>
    <tr>
      <td>Address<br>裝置地址</td>
      <td><label for="textfield3">
        <input name="textfield3" type="text" id="address" value="<?php echo
$row_Recordset1['address']; ?>" size="80" />
      </label><input type="button" id="send" value="轉換座標"></td>
    </tr>
    <tr>
      <td>Latitude(緯度)</td>
      <td><label for="textfield4">
        <input name="textfield4" type="text" id="lat" value="<?php echo $row_Rec-
ordset1['latitude']; ?>" size="16" />
      </label></td>
    </tr>
    <tr>
      <td>Longitude(經度)</td>
      <td><label for="textfield5">
        <input name="textfield5" type="text" id="lng" value="<?php echo $row_Rec-
ordset1['longitude']; ?>" size="16" />
      </label></td>
    </tr>
    <tr>
      <td>Location Area <br /> 管理區域</td>
      <td width="80%"><label for="textfield6">
```

修改站台程式(siteedt.php)

```php
        <select name="select2" id="select2">
          <?php
          if($result3 !==FALSE){
              while($row = mysql_fetch_array($result3)) {
                  if ($row["areaid"] == $row_Recordset1['areaid'] )
                  {
                              printf(" <option value='%s' selected >%s</option>",
                                  $row["areaid"], $row["areaname"]);
                  }
                  else
                  {
                              printf(" <option value='%s'>%s</option>",
                                  $row["areaid"], $row["areaname"]);
                  }


              }
              mysql_free_result($result3);

            }
          ?>
          </select>
        </label></td>
    </tr>
    <tr>
      <td><input type="reset" name="button2" id="button2" value="Reset(重設)"
/></td>
      <td><input type="submit" name="button" id="button" value="Submit(送出)"
/></td>
    </tr>
  </table>
  <p></p>
  <input type="hidden" name="MM_update" value="form1" />
</form>
<p id="msg"></p>
<script src="https://code.jquery.com/jquery-3.4.1.min.js"></script>

<script>
  $('#send').on('click', function(){
```

修改站台程式(siteedt.php)

```
    var address = $('#address').val()
    if (address)
       addToLatLng(address)
    else
       alert('請輸入地址')
  });

  function addToLatLng (address) {
    $.ajax({
      url: 'https://api.map8.zone/v2/place/geocode/json?key=<?php echo
$map8key; ?>&address=' + address
    }).done(function(response) {
       var msg = ''
       var result = response.results[0]

       if (result.level == 'fuzzy' || result.authoritative == "false")
         msg = '請盡量輸入完整及正確的地址，以取得精確結果。'
       if (result.formatted_address == '')
         msg = '請輸入完整及正確的地址。'

       $('#lat').val(result.geometry.location.lat)
       $('#lng').val(result.geometry.location.lng)
       $('#msg').html(msg)
    }).fail(function(result) {
       $('#msg').text('無法取得資料，請確認連線是否異常、憑證是否過期。')
    });
  }
</script><script>
  $('#send').on('click', function(){
    var address = $('#address').val()
    if (address)
       addToLatLng(address)
    else
       alert('Please Input Address')
  });

  function addToLatLng (address) {
```

修改站台程式(siteedt.php)

```
    $.ajax({
        url: 'https://api.map8.zone/v2/place/geocode/json?key=<?php echo
$map8key; ?>&address=' + address
    }).done(function(response) {
        var msg = ''
        var result = response.results[0]

        if (result.level == 'fuzzy' || result.authoritative == "false")
            msg = 'Please Input Complete and Exact Address for get exact results'
        if (result.formatted_address == '')
            msg = 'Please Input Complete and Exact Address'

        $('#lat').val(result.geometry.location.lat)
        $('#lng').val(result.geometry.location.lng)
        $('#msg').html(msg)
    }).fail(function(result) {
        $('#msg').text('Can't Get Address Data，Please Confirm Internet Connection is
OK?? and MAP Certificate is valid')
    });
    }
</script>

<?php
include '../footer.php';
?>
</body>
</html>
<?php
mysql_free_result($Recordset1);
?>
```

程式出處：https://github.com/brucetsao/ePID/tree/main/WebSystem/site

如下圖所示，可以點選目前測試資料中的站台後面，查詢子裝置的功能。

進入本功能後，點選查詢子裝置的功能後，可以查詢該站台，也就是連接 PID 控制器的微控器主機，下面有連接多少台 PID 控制器，可以在微控器主機與 PID 控制器電氣連接後，韌體可以辨識多少台 PID 控制器，並透過微控器主機與雲端平台連線後，可以將 PID 控制器的相關資訊存入雲端平台。

整合物聯網技術及微處理器於工廠資訊系統之研究

Home   Site Management(管理)   Device Setting(設定控制器)

BACK(回到上一頁)

Location Area 管理區域	Device ID 裝置編號	MAC 網路卡編號	Device Name 裝置名稱	Address 裝置地址	Management 管理動作
高雄(KAOHSIUNG)	NUKEEE	CC50E3B4B808	高雄大學電機系203研究室	高雄市 楠梓區高雄大學路700號	Query_subdevice(查詢子裝置) / Add(新增) / Edit(修改) / Delete(刪除)

FirstPage(第一頁) / Previous(上一頁) / Next(下一頁) / LastPage(最後一頁)

System Developed by：Dr. Yung-Chung Tsao, JunWei Chang

Copyright All Reseved by Above-mentioned Developers

圖 32 刪除站台

下表所示為刪除站台程式(sitedel.php)。

表 25 刪除站台程式(sitedel.php)

刪除站台程式(sitedel.php)
| ```php
<?php include('../Connections/iot.php'); ?>
<?php
if (!function_exists("GetSQLValueString")) {
function GetSQLValueString($theValue, $theType, $theDefinedValue = "", $theNotDe-
finedValue = "")
{
  if (PHP_VERSION < 6) {
    $theValue = get_magic_quotes_gpc() ? stripslashes($theValue) : $theValue;
  }
``` |
```

```
刪除站台程式(sitedel.php)
    $theValue = function_exists("mysql_real_escape_string") ? mysql_real_es-
cape_string($theValue) : mysql_escape_string($theValue);

    switch ($theType) {
      case "text":
        $theValue = ($theValue != "") ? "'" . $theValue . "'" : "NULL";
        break;
      case "long":
      case "int":
        $theValue = ($theValue != "") ? intval($theValue) : "NULL";
        break;
      case "double":
        $theValue = ($theValue != "") ? doubleval($theValue) : "NULL";
        break;
      case "date":
        $theValue = ($theValue != "") ? "'" . $theValue . "'" : "NULL";
        break;
      case "defined":
        $theValue = ($theValue != "") ? $theDefinedValue : $theNotDefinedValue;
        break;
    }
    return $theValue;
  }
}

if ((issct($_GET['sid'])) && ($_GET['sid'] != "")) {
  $deleteSQL = sprintf("delete from nukiot.site WHERE id=%s",
                        GetSQLValueString($_GET['sid'], "int"));

  mysql_select_db($database_iot, $iot);
  $Result1 = mysql_query($deleteSQL, $iot) or die(mysql_error());

  $deleteGoTo = "sitelist.php";
  if (isset($_SERVER['QUERY_STRING'])) {
    $deleteGoTo .= (strpos($deleteGoTo, '?')) ? "&" : "?";
    $deleteGoTo .= $_SERVER['QUERY_STRING'];
  }
```

```
刪除站台程式(sitedel.php)
    header(sprintf("Location: %s", $deleteGoTo));
}
?>
```

程式出處：https://github.com/brucetsao/ePID/tree/main/WebSystem/site

設定控制器

　　回到首頁之後，點選第二個選單：設定控制器(Device Setting)，可以看到出現下拉式選單，出現第二個選單的子功能，第一個子功能是設定 SV(Set SV)，也就是設定控制的臨界值。

　　第二個子功能是設定控制的臨界值，可以在下圖設定第一組警示(Set Alarm 1)，這個功能是在監控輸入數值區間，設定一個上下限的區間閥值，當輸入數值到這個上下限的區間閥值時，會驅動警示的繼電器或固態繼電器(Solid State Relay：SSR)為開啟狀態，透過開啟的電路驅動外在的警示裝備及內部嗡鳴器響聲。

圖 33　設定控制器

　　如下圖所示，點選第二個選單：設定控制器(Device Setting)之下拉式選單，點選第一個子功能是設定 SV(Set SV)，也就是設定控制的臨界值，如圖 34 所示，出現設定控制的臨界值，在目標數值(SV Value)輸入想要控制的臨界值，按下送出鈕，即完成設定。

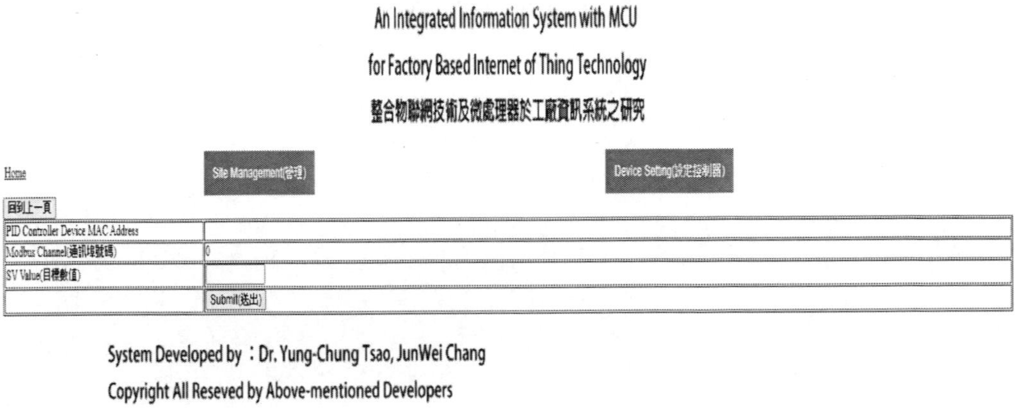

An Integrated Information System with MCU

for Factory Based Internet of Thing Technology

整合物聯網技術及微處理器於工廠資訊系統之研究

| Home | | Site Management(管理) | | Device Setting(設定控制圖) |

回到上一頁	
PID Controller Device MAC Address	
Modbus Channel(通訊埠號碼)	0
SV Value(目標數值)	
	Submit(送出)

System Developed by：Dr. Yung-Chung Tsao, JunWei Chang

Copyright All Reseved by Above-mentioned Developers

圖 34 設定 SV

下表所示為設定 SV 程式(setsv.php)。

表 26 設定 SV 程式(setsv.php)

設定 SV 程式(setsv.php)

```php
<?php

    $sid=$_GET["SID"];          //取得 POST 參數：field1
    $mac=$_GET["MAC"];          //取得 POST 參數：field1


        include("../comlib.php");        //使用資料庫的呼叫程式
    include("../Connections/iotcnn.php");          //使用資料庫的呼叫程式
    include("../sysinit.php");        //使用資料庫的呼叫程式


    $link=Connection();        //產生 mySQL 連線物件
?>
```

- 185 -

```
<!DOCTYPE html PUBLIC "-//W3C//DTD XHTML 1.0 Transitional//EN"
"http://www.w3.org/TR/xhtml1/DTD/xhtml1-transitional.dtd">
<html xmlns="http://www.w3.org/1999/xhtml">
<head>
<meta http-equiv="Content-Type" content="text/html; charset=utf-8" />
<title>Set PID Controller SV Value</title>
<link href="../webcss.css" rel="stylesheet" type="text/css" />
</head>

<body>
<?php
include '../title.php';
?>
<input type ="button" onclick="history.back()" value="回到上一頁">
</input>
<form id="form1" name="form1" method="POST" action="savesv.php">
  <table width="100%" border="1">
    <tr>
      <td>PID Controller Device MAC Address
      <input name="textfield1" type="hidden" id="textfield1" value="<?php echo
$mac; ?>" /></td>
      <td><? echo $mac ; ?></td>
    </tr>
      <tr>
      <td>Modbus Channel(通訊埠號碼)
        <input type="hidden" name="textfield2" id="textfield2" value="<?php echo
$sid; ?>" /></td>
      <td><? echo $sid ; ?></td>
    </tr>



    <tr>
      <td>SV Value(目標數值)</td>
      <td width="80%"><label for="textfield3"></label>
      <input name="textfield3" type="text" id="textfield3" size="8" maxlength="10"
/></td>
```

設定 SV 程式(setsv.php)

```
          </tr>

          <tr>
            <td> </td>
            <td><input type="submit" name="button" id="button" value="Submit(送出)"
/></td>
          </tr>
        </table>
        <p>
        <input type="hidden" name="MM_update" value="form1" />
</p>
</form>

<?php
include '../footer.php';
?>
</body>
</html>
```

程式出處：https://github.com/brucctsao/cPID/tree/main/WebSystem/pid

如下圖所示，點選第二個選單：設定控制器(Device Setting)之下拉式選單，點選第二個子功能是第一組警示值(Set Alarm 1)，這個功能是輸入監控數值區間，設定一個上下限的區間閥值，當輸入數值到這個上下限的區間閥值時，會驅動警示的繼電器或固態繼電器(Solid State Relay：SSR)為開啟狀態，透過開啟的電路驅動外在的警示裝備及內部嗡鳴器響聲。

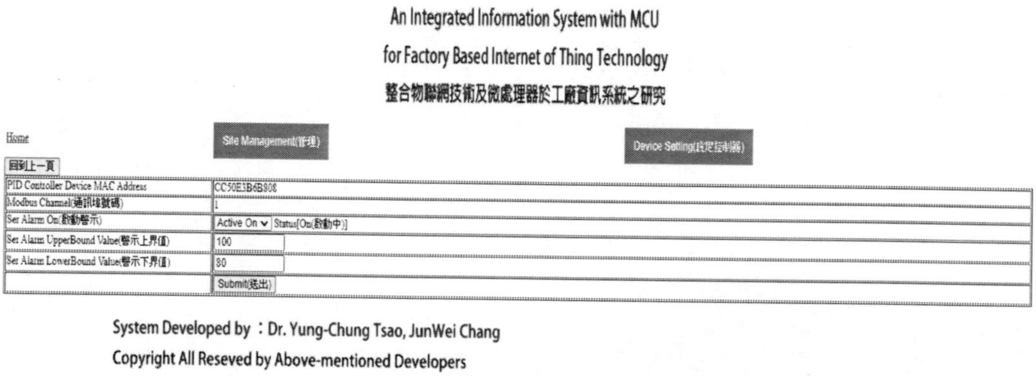

An Integrated Information System with MCU
for Factory Based Internet of Thing Technology
整合物聯網技術及微處理器於工廠資訊系統之研究

Home		Site Management(管理)		Device Setting(設定控制器)

回到上一頁

PID Controller Device MAC Address	CC50E3B4B908
Modbus Channel(通訊埠號碼)	1
Set Alarm On(啟動警示)	Active On ∨ Status[On(啟動中)]
Set Alarm UpperBound Value(警示上界值)	100
Set Alarm LowerBound Value(警示下界值)	80
	Submit(送出)

System Developed by：Dr. Yung-Chung Tsao, JunWei Chang
Copyright All Reseved by Above-mentioned Developers

圖 35　設定警示一

　　下表所示為設定警示一程式(setalarm.php)。

表 27　設定警示一程式(setalarm.php)

設定警示一程式(setalarm.php)

```php
<?php

    $sid=$_GET["SID"];          //取得 POST 參數：field1
    $mac=$_GET["MAC"];          //取得 POST 參數：field1


        include("../comlib.php");          //使用資料庫的呼叫程式
    include("../Connections/iotcnn.php");             //使用資料庫的呼叫程式
    include("../sysinit.php");          //使用資料庫的呼叫程式


    $link=Connection();          //產生 mySQL 連線物件
?>
```

```
<!DOCTYPE html PUBLIC "-//W3C//DTD XHTML 1.0 Transitional//EN"
"http://www.w3.org/TR/xhtml1/DTD/xhtml1-transitional.dtd">
<html xmlns="http://www.w3.org/1999/xhtml">
<head>
<meta http-equiv="Content-Type" content="text/html; charset=utf-8" />
<title>Set PID Controller Alarm Value</title>
<link href="../webcss.css" rel="stylesheet" type="text/css" />
</head>

<body>
<?php
include '../title.php';
?>
<?php
    include("comlib.php");          //使用資料庫的呼叫程式
    include("./Connections/iotcnn.php");      //使用資料庫的呼叫程式
    include("sysinit.php");         //使用資料庫的呼叫程式

    $link=Connection();       //產生 mySQL 連線物件

//  $pvvalue = 589.4 ;
//  $svvalue = 927.5 ;


    $alarm = GetAlarm($devicemac,$deviceid,0,$link)   ;
    $alarmH = GetAlarm($devicemac,$deviceid,2,$link)   ;
    $alarmL = GetAlarm($devicemac,$deviceid,1,$link)   ;


//  echo $pvvalue."<br> aaaa" ;

?>
<input type ="button" onclick="history.back()" value="回到上一頁">
</input>
<form id="form1" name="form1" method="POST" action="savealarm.php">
  <table width="100%" border="1">
```

```
    <tr>
        <td>PID Controller Device MAC Address
        <input name="textfield1" type="hidden" id="textfield1" value="<?php echo
$mac; ?>" /></td>
        <td width="80%"><? echo $mac ; ?></td>
    </tr>
        <tr>
        <td>Modbus Channel(通訊埠號碼)
           <input type="hidden" name="textfield2" id="textfield2" value="<?php echo
$sid; ?>" /></td>
        <td><? echo $sid ; ?></td>
    </tr>



    <tr>
            <td>Ser Alarm On(啟動警示)</td>
        <td><label for="select"></label>
           <select name="select" size="1" id="select">
             <option value="1">Active On</option>
             <option value="0">Active Off</option>
        </select>
           Status[<?php echo(($alarm==1)?"On(啟動中)":"Off(關閉中)");?>]</td>
    </tr>
    <tr>
            <td>Ser Alarm UpperBound Value(警示上界值)</td>
        <td><label for="textfield3"></label>
           <input name="textfield3" type="text" id="textfield3" value="<?php echo
$alarmH; ?>" size="10" maxlength="16" /></td>
    </tr>
    <tr>
            <td>Ser Alarm LowerBound Value(警示下界值)</td>
        <td><label for="textfield4"></label>
           <input name="textfield4" type="text" id="textfield4" value="<?php echo
$alarmL; ?>"   size="10" maxlength="12" /></td>
    </tr>
```

設定警示一程式(setalarm.php)

```
    <tr>
      <td> </td>
      <td><input type="submit" name="button" id="button" value="Submit(送出)"
/></td>
    </tr>
  </table>
  <p>
  <input type="hidden" name="MM_update" value="form1" />
</p>
</form>


<?php
include '../footer.php';
?>
</body>
</html>
```

程式出處：https://github.com/brucetsao/ePID/tree/main/WebSystem/pid

章節小結

　　本章介紹本書之雲端系統之開發與實作，並且完成整個雲端系統實作，如此，就可以將 PID 控制器與ＦＹ９００控制器進行整合後，可以透過韌體開發與 PID 控制器進行通訊後，雙向與雲端通訊與控制，並且將 PID 控制器的狀態傳送到雲端平台，也可以透過雲端系通操控ＦＹ９００控制器。希望透過本章節的解說，相信讀者會雲端系統之開發與實作，有更深入的了解與體認

本書總結

　　筆者對於物聯網與工業控制相關的書籍，也出版許多書籍，感謝許多有心的讀者提供筆者許多寶貴的意見與建議，筆者群不勝感激，許多讀者希望筆者可以推出更多的教學書籍與產品開發專案書籍給更多想要進入『物聯網』、『智慧家庭』、『工業控制』這個未來大趨勢，所有才有這個系列的產生。

　　本系列叢書的特色是一步一步教導大家使用更基礎的東西，來累積各位的基礎能力，讓大家能更在 Maker 自造者運動中，可以拔的頭籌，所以本系列是一個永不結束的系列，只要更多的東西被製造出來，相信筆者會更衷心的希望與各位永遠在這條 Maker 路上與大家同行。

作者介紹

曹永忠 (Yung-Chung Tsao)，國立中央大學資訊管理學系博士，目前在國立暨南國際大學電機工程學系與應用材料及光電工程學系擔任兼任助理教授、國立高雄科技大學商務資訊應用系擔任兼任助理教授、靜宜大資訊工程學擔任兼任助理教授，並且為自由作家，於軟體工程、軟體開發與設計、物件導向程式設計、物聯網系統開發、Arduino 開發、嵌入式系統開發。長期投入資訊系統設計與開發、企業應用系統開發、軟體工程、物聯網系統開發、軟硬體技術整合等領域，並持續發表作品及相關專業著作，並通過台灣圖霸的專家認證。

Email:prgbruce@gmail.com

Email:3504660694@qq.com

Line ID：dr.brucetsao

WeChat：dr_brucetsao

作者網站：https://www.cs.pu.edu.tw/~yctsao/

臉書社群(Arduino.Taiwan)：

https://www.facebook.com/groups/Arduino.Taiwan/

Github 網站：https://github.com/brucetsao/

原始碼網址：https://github.com/brucetsao/ePID

Youtube：https://www.youtube.com/channel/UCcYG2yY_u0m1aotcA4hrRgQ

施明昌(Ming Chang Shih)，國立清華大學物理系(1981 畢業)，國立台灣大學物理學系研究所(1998 畢業)，美國哥倫比亞大學(Columbia University. New York,1994)，曾任台灣大學物理學系專任助教，中央研究院原子分子研究所博士後研究，工業技術研究院電子所(電子構裝組)工程師，國立臺灣海洋大學光電工程系副教授，國立高雄大學電機系專任教授，國立高雄大學應用物理學系合聘教授，國立高雄大學首任研究發發展處主任，國立高雄大學應用物理學系代理主任，國立高雄大學創新育成中心(ABIC)主任，國立高雄大學電機系主任，國立高雄大學國際處國際長，專注於半導體光電元件製程與光電特性研究，光纖感測技術與應用，準分子雷射加工與製程技術應用，長期投入於半導體產業人才培訓，近來為因應疫情實驗教學需求，結合光電感測技術積極投入發展遠端操作工程物理實驗平台。

e-mail:mingshih@nuk.edu.tw

高雄大學電機工程學系網頁: https://ee.nuk.edu.tw/

張峻瑋（Jun-Wei Chang），國立高雄大學電機工程學系碩士，目前服務於台灣糖業公司，從事工程師一職，本著改善既有操作概念的初衷而誕生出本書內容。曾任梅爾根電子公司研發工程師一職，發想出大幅簡化多埠端口校正步驟的方法；亦曾於日月光半導體公司擔任測試研發工程師，開發各式晶片的測試環境，並導入產線以利大量快速測試。

Email:sprewell0032@gmail.com

NodeMCU 32S 腳位一覽圖

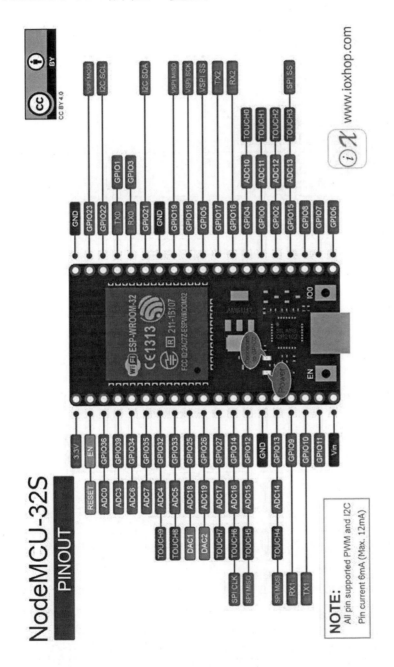

QNAP TS-431 伺服器服務一覽表

軟體服務功能	服務明細
Operating System	QTS 4.1 (embedded Linux)
Storage Management	Single Disk, JBOD, RAID 0, 1, 5, 6, 10, 5 + spare Global hot spare Online RAID capacity expansion Online RAID level migration Bad block scan and hard drive S.M.A.R.T. Bad block recovery RAID recovery Bitmap support
Supported Clients	Apple Mac OS 10.7 or later Linux and UNIX Microsoft Windows 7, 8, and 10 Microsoft Windows Server 2003, 2008 R2, 2012, 2012 R2 and 2016
Power Management	Wake on LAN Internal hard drive standby mode Scheduled power on/off Automatic power on after power recovery USB and network UPS support with SNMP management
Supported Browsers	Google Chrome Microsoft Internet Explorer 10+ Mozilla Firefox Apple Safari
Access Right Management	Import/export users User quota management Local user access control for CIFS, AFP, FTP, and WebDAV Application access control for Photo Station, Music Station, and Video Station Subfolder permissions support for CIFS/SMB, AFP, FTP, and File Station
Multilingual Support	Chinese (Traditional & Simplified), Czech, Danish, Dutch, English, Finnish, French, German, Greek, Hungarian, Italian, Japanese, Korean, Norwegian, Polish, Portuguese (Brazil), Romanian, Russian, Spanish, Swedish, Thai, Turkish

軟體服務功能	服務明細
myQNAPcloud Service	Private cloud storage and sharing with myQNAPcloud id (QID) Free host name registration (DDNS) Auto router (via UPnP) configuration Web-based file manager with HTTPS 2048-bit encryption myQNAPcloud Link for remote access without complicated router setup myQNAPcloud connect for easy VPN connection (Windows VPN utility)
File System	Internal hard drive: EXT4 External hard drive: EXT4, EXT3, NTFS, FAT32, HFS+
Qsync	Syncs files among multiple devices with SSL support Selective synchronization for syncing specific folders only Share team folder as a file center for team collaboration Shares files by links via e-mail Policy settings for conflicted files and file type filter support Incremental synchronization for HDD space saving Supports Windows & Mac OS
Networking	TCP/IP: IPv4 & IPv6* Dual Gigabit NICs (failover, multi-IP settings, port trunking/NIC teaming)* Service binding based on network interfaces* Proxy client, proxy server DHCP client, DHCP server NTP server Protocols: CIFS/SMB, AFP(v3.3), NFS(v3), FTP, FTPS, SFTP, TFTP, HTTP(S), Telnet, SSH, iSCSI, SNMP, SMTP, and SMSC UPnP & Bonjour discovery Wi-Fi 802.11 ac/a/b/g/n USB adapter support
Web Administration	Personalized desktop Smart toolbar and dashboard for system status Dynamic DNS (DDNS) SNMP (v2 & v3) Resource monitor Network recycle bin for file deletion via CIFS/SMB, AFP and File Station Automatic cleanup File type filter

軟體服務功能	服務明細
	Comprehensive logs (events & connection)
	Syslog client/server
	Mobile app: Qmanager for remote system monitoring & management
Security	Network access protection with auto-blocking: SSH, Telnet, HTTP(S), FTP, CIFS/SMB, AFP
	CIFS host access control for shared folders
	AES 256-bit volume-based data encryption**
	AES 256-bit external drive encryption**
	Importable SSL certificate
	Instant alert via E-mail, SMS, and beep
	Antivirus protection
File Server	File Sharing across Windows, Mac, and Linux/UNIX
	Windows ACL
	Advanced folder permission for CIFS/SMB, AFP, FTP
	Shared folder aggregation (CIFS/SMB)
Download Station	PC-less BT, FTP/FTPS, and HTTP/HTTPS download (up to 500 Tasks)
	BT download with Magnet Link and PT support
	Scheduled download and bandwidth control
	RSS subscription and download (broadcatching)
	Bulk download with wildcard settings
	BT search
	Proxy support for BT download
	PC utility: Qget for downloads browsing and management
	Mobile app: Android Qget for downloads browsing and management
FTP Server	FTP over SSL/TLS (Explicit)
	FXP supported
Cloud Storage Backup	Amazon S3
	Amazon Glacier
	WebDAV-based cloud storage
	Microsoft Azure
	Open Stack
	Google Cloud Storage
File Station	Supports ISO Mounting (Up to 256 ISO Files)
	Support thumbnail display of multimedia files

軟體服務功能	服務明細
	Support share download link and upload link
	Drag-n-drop Files via Chrome and Firefox Browsers
	Photo, music, and video preview and playback
	File Compression and decompression (ZIP and 7z)
Print Server	Max number of printers: 3
	Print job display and management
	IP-based and domain name-based privilege control
Backup Station	Remote replication server (over rsync)
	Real-time remote replication (RTRR) to another QNAP NAS or FTP server
	Works as both RTRR server & client with bandwidth control
	Real-time & scheduled backup
	Encryption, compression, file filter, and transfer rate limitation
	Encrypted replication between QNAP NAS servers
	Desktop backup with QNAP NetBak Replicator for Windows
	Apple Time Machine backup support
	Data backup to multiple external storage devices
	Third party backup software support: Veeam backup & replication, Acronis True Image, Arcserve backup, EMC retrospect, Symantec Backup Exec, etc
Surveillance Station	Supports over 2,700 IP cameras
	Includes 2 free camera licenses, up to 8 camera channels via additional license purchase
	Instant playback to check the recent event
	Visual aid by e-map
	Playback and speed control by shuttle bar
	Video preview on playback timeline
	Intelligent video analytics (IVA) for advanced video search
	Surveillance client for Mac
	Mobile surveillance app: vmobile (iOS and Android)
	Mobile recording app: vcam (iOS and Android)
Photo Station	Show photos in thumbnails, list, timeline, or folder view
	Supports virtual/smart album
	Tags photos with text, color, and rating
	Slideshows with background music and different transition effects
	Animated thumbnails for videos
	Geotags photos and display them on Google maps

軟體服務功能	服務明細
	Shares slideshows link to social websites or through email
	Supports Facebook friends login
Notes Station	Graphical web-based editor for taking notes
	Integrate with NAS file system: insert attachment or image from NAS file system
	Event calendar and to-do list
	Image editor
	Provide Chrome Extension: Notes Station Clipper
	Clip web page content to your note
	Mobile app: Qnotes
Music Station	Plays or Shares Music Collections with Web Browser
	Automatic Classification via Media Library
	Supported audio format: AIFF, APE, FLAC, M4A, M4A Apple Lossless (ALAC), MP3, Ogg Vorbis, WAV (PCM, LPCM),WMA, WMA PRO, WMA VBR
	* DRM encryption format is not supported.
	Internet Radio (MP3)
	Up to 8 Music Alarms
iSCSI (IP SAN)	iSCSI Target
	Multi-LUNs per Target
	Up to 256 Targets/LUNs Combined
	Supports LUN Mapping & Masking
	File-based LUN
	Online LUN Capacity Expansion
	iSCSI LUN Backup, One-time Snapshot, and Restore
	iSCSI Connection and Management by QNAP Finder (Windows)
	Virtual Disk Drive (via iSCSI Initiator)
	Max No.of Virtual Disk Drives: 8
Video Station	Show photos in thumbnails, list, timeline, or folder view
	Tags videos with text, color, and rating
	Animated thumbnails for videos
	Shares video collection link to social websites or through email
	Display movie information from IMDB
VPN Server	Secure remote access: PPTP &OpenVPN VPN services
	Max number of clients: 15 for PPTP & 15 for OpenVPN
DLNA Server	Supports DLNA/UPnP TVs and Players such as PlayStation 3 and Xbox 360

軟體服務功能	服務明細
Domain Authentication Integration	Microsoft Active Directory (AD) Domain controller LDAP server, LDAP client Domain users login via CIFS/SMB, AFP, FTP, and File Station
AirPlay	Strcams videos, photos and music from NAS to Apple TV via Qfile or Media Streaming add-on.
App Center	More than 100 official and community software add-ons
Mobile Apps	Qfile: iOS, Android Phone, window phone Qfile HD: iPad version Qmanager: iOS, Android Phone Qmusic: iOS, Android Phone Qremote: iOS, Android Phone Qget: Android Phone Vmobile: iOS, iPad, Android Phone

資料來源：TS-431 產品介紹官網(https://www.qnap.com/zh-tw/product/ts-431)(QNAP Systems)

筆者自行開發的工業控制器單晶片整合板電路圖

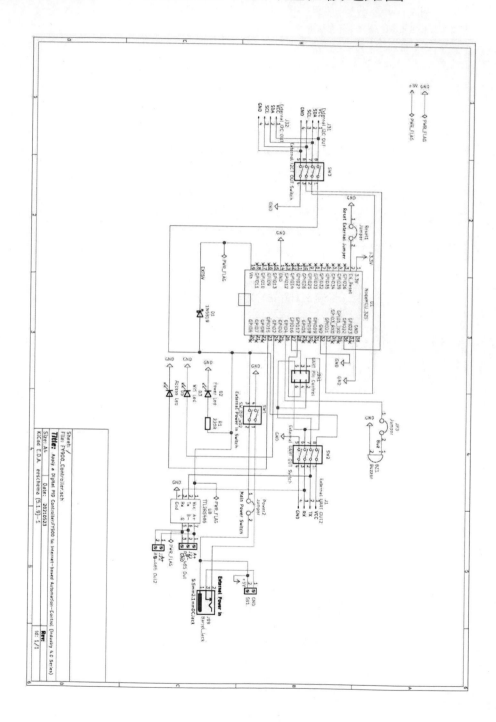

筆者自行開發的工業控制器單晶片整合板

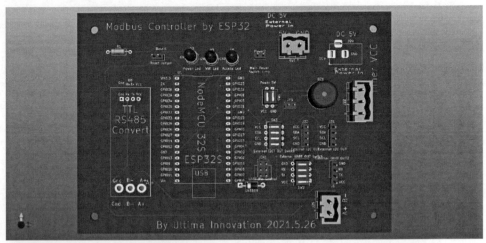

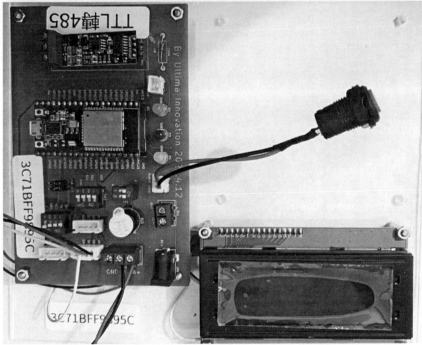

單純 PCB 板賣場：https://www.ruten.com.tw/item/show?22121673807245

零件包賣場：https://www.ruten.com.tw/item/show?22121673807098

筆者自行開發的工業控制匯流排整合板

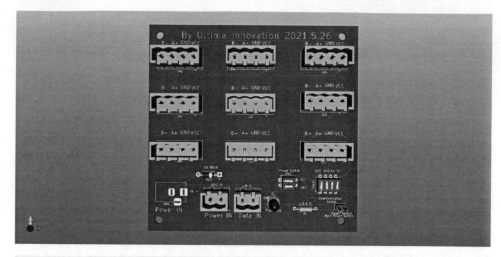

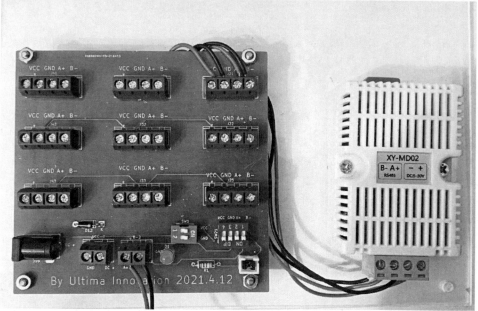

單純 PCB 板賣場：https://www.ruten.com.tw/item/show?22121744403235

零件包賣場：https://www.ruten.com.tw/item/show?22124124431938

參考文獻

Coile, B., & Hopkins, S. (2005). The ATA over Ethernet Protocol. *Technical Paper from Coraid Inc.*

QNAP Systems, I. 威. TS-431 產品介紹. Retrieved from https://www.qnap.com/zh-tw/product/ts-431

Rini, D. P., & Stiawan, D. (2009). STUDY ON SOLUTION WEB HOSTING SELECTION: OUTSOURCING OR IN-HOUSE.

Tsao, Y.-C., Kuo, Y.-W., Shih, M.-C., Chang, J.-W., Wang, J.-S., & Wang, H.-W. (2021, May 28-30, 2021). *An Implementation and Development of information delivery for PID Controller Based on Internet of Thing.* Paper presented at the 3rd IEEE Eurasia Conference on Biomedical Engineering,Healthcare and Sustainability 2021.

Younas, M., Awan, I., & Duce, D. (2006). An efficient composition of Web services with active network support. *Expert systems with applications, 31*(4), 859-869.

台灣儀控股份有限公司. (2021). 微電腦 PID 程序控制器/溫度控制器操作手冊. Retrieved from https://www.fa-taie.com.tw/admin/download/file/2014-12-23/5498cbc4849e7.pdf

白翰霖. (2013). *結合 PHP 與 CSS 框架之網站建置最佳化.* (碩士). 東海大學, 台中市. Retrieved from https://hdl.handle.net/11296/ch4mg9

吳鎮安. (2014). *以 jQuery 與 PHP 為基礎之行動線上同儕評量系統的開發與評估.* (碩士). 國立臺灣師範大學, 台北市. Retrieved from https://hdl.handle.net/11296/5p75jf

杜俊英. (2013). *結合 GPS、Google 地圖及 PHP 網頁服務實作的冷藏貨物追蹤系統.* (碩士). 大葉大學, 彰化縣. Retrieved from https://hdl.handle.net/11296/nve248

張峻瑋. (2020). *整合物聯網技術及微處理器於工廠資訊系統之研究.* (碩士). 國立高雄大學, 高雄市. Retrieved from https://hdl.handle.net/11296/8sj7h4

曹永忠. (2017). 流程雲端化-將人工驗收作業轉化成條碼掃描. *Circuit Cellar 嵌入式科技*(國際中文版 NO.8), 78-87.

曹永忠. (2018a). 【物聯網開發系列】雲端主機安裝與設定（NAS 硬體設定篇）. *智慧家庭.* Retrieved from https://vmaker.tw/archives/27755

曹永忠. (2018b). 【物聯網開發系列】雲端主機安裝與設定（資料庫設定篇）. *智慧家庭.* Retrieved from https://vmaker.tw/archives/28209

曹永忠. (2018c). 【物聯網開發系列】雲端主機安裝與設定（網頁主機設定篇）. *智慧家庭.* Retrieved from https://vmaker.tw/archives/28465

曹永忠. (2020a). *ESP32 程式设计(基础篇):ESP32 IOT Programming (Basic Concept & Tricks)* (初版 ed.). 台湾、彰化: 渥瑪數位有限公司.

曹永忠. (2020b). *ESP32 程式設計(基礎篇) ESP32 IOT Programming (Basic Concept & Tricks)*. 台灣、台北: 千華駐科技.

曹永忠. (2020c). *ESP32 程式設計(基礎篇):ESP32 IOT Programming (Basic Concept & Tricks)* (初版 ed.). 台湾、彰化: 渥瑪數位有限公司.

曹永忠. (2020d, 2020/03/11). NODEMCU-32S 安裝 ARDUINO 整合開發環境. *物聯網*. Retrieved from http://www.techbang.com/posts/76747-nodemcu-32s-installation-arduino-integrated-development-environment

曹永忠. (2020e, 2020/5/6). WEMOS D1 WIFI 物聯網開發板安裝 ARDUINO 整合開發環境. *物聯網環控系統開發*. Retrieved from http://www.techbang.com/posts/78275-wemos-d1-wifi-iot-board-installation-arduino-integrated-development-environment

曹永忠. (2020f, 2020/4/9). WEMOS D1 WIFI 物聯網開發板驅動程式安裝與設定. *物聯網*. Retrieved from http://www.techbang.com/posts/77602-wemos-d1-wifi-iot-board-driver

曹永忠. (2020g, 2020/03/12). 安裝 ARDUINO 線上函式庫. *物聯網*. Retrieved from http://www.techbang.com/posts/76819-arduino-letter-library-installation-installing-online-letter-library

曹永忠. (2020h, 2020/03/09). 安裝 NODEMCU-32S LUA Wi-Fi 物聯網開發板驅動程式. *物聯網*. Retrieved from http://www.techbang.com/posts/76463-nodemcu-32s-lua-wifi-networked-board-driver

曹永忠. (2020i). 【物聯網系統開發】Arduino 開發的第一步：學會 IDE 安裝，跨出 Maker 第一步. *物聯網*. Retrieved from http://www.techbang.com/posts/76153-first-step-in-development-arduino-development-ide-installation

曹永忠, 吳佳駿, 許智誠, & 蔡英德. (2016a). *Ameba 程式設計(基礎篇):Ameba RTL8195AM IOT Programming (Basic Concept & Tricks)* (初版 ed.). 台湾、彰化: 渥瑪數位有限公司.

曹永忠, 吳佳駿, 許智誠, & 蔡英德. (2016b). *Ameba 程序设计(基础篇):Ameba RTL8195AM IOT Programming (Basic Concept & Tricks)* (初版 ed.). 台湾、彰化: 渥瑪數位有限公司.

曹永忠, 吳佳駿, 許智誠, & 蔡英德. (2017a). *Ameba 程式設計(物聯網基礎篇):An Introduction to Internet of Thing by Using Ameba RTL8195AM* (初版 ed.). 台湾、彰化: 渥瑪數位有限公司.

曹永忠, 吳佳駿, 許智誠, & 蔡英德. (2017b). *Ameba 程序设计(物联网基础篇):An Introduction to Internet of Thing by Using Ameba RTL8195AM* (初版 ed.). 台湾、彰化: 渥瑪數位有限公司.

曹永忠, 吳佳駿, 許智誠, & 蔡英德. (2017c). *Arduino 程式設計教學(技巧篇):Arduino Programming (Writing Style & Skills)* (初版 ed.). 台灣、彰化: 渥瑪數位有限公司.

曹永忠, 张程, 郑昊缘, 杨柳姿, & 杨楠、. (2020). *ESP32S 程序教学(常用模块篇):ESP32 IOT Programming (37 Modules)* (初版 ed.). 台灣、彰化: 渥瑪數位有限公司.

曹永忠, 張程, 鄭昊緣, 楊柳姿, & 楊楠. (2020a). *ESP32S 程式教學(常用模組篇):ESP32 IOT Programming (37 Modules)*. 台灣、台北: 千華駐科技.

曹永忠, 張程, 鄭昊緣, 楊柳姿, & 楊楠. (2020b). *ESP32S 程式教學(常用模組篇):ESP32 IOT Programming (37 Modules)* (初版 ed.). 台灣、彰化: 渥瑪數位有限公司.

曹永忠, 許智誠, & 蔡英德. (2015). *Arduino 雲 物聯網系統開發(入門篇):Using Arduino Yun to Develop an Application for Internet of Things (Basic Introduction)* (初版 ed.). 台灣、彰化: 渥瑪數位有限公司.

曹永忠, 許智誠, & 蔡英德. (2018a). *溫濕度裝置与行动应用开发(智能家居篇):A Temperature & Humidity Monitoring Device and Mobile APPs Development(Smart Home Series)* (初版 ed.). 台灣、彰化: 渥瑪數位有限公司.

曹永忠, 許智誠, & 蔡英德. (2018b). *雲端平台(硬體建置基礎篇): The Setting and Configuration of Hardware & Operation System for a Clouding Platform based on QNAP Solution (Industry 4.0 Series)* (初版 ed.). 台灣、彰化: 渥瑪數位有限公司.

曹永忠, 許智誠, & 蔡英德. (2018c). *溫溼度裝置與行動應用開發(智慧家居篇):A Temperature & Humidity Monitoring Device and Mobile APPs Development(Smart Home Series)* (初版 ed.). 台灣、彰化: 渥瑪數位有限公司.

曹永忠, 許智誠, & 蔡英德. (2018d). *溫溼度裝置與行動應用開發(智慧家居篇):A Temperature & Humidity Monitoring Device and Mobile APPs Development(Smart Home Series)* (初版 ed.). 台灣、彰化: 渥瑪數位有限公司.

曹永忠, 許智誠, & 蔡英德. (2019a). *云端平台(系统开发基础篇): The Tiny Prototyping System Development based on QNAP Solution* (初版 ed.). 台灣、彰化: 渥瑪數位有限公司.

曹永忠, 許智誠, & 蔡英德. (2019b). *雲端平台(系統開發基礎篇): The Tiny Prototyping System Development based on QNAP Solution* (初版 ed.). 台灣、彰化: 渥瑪數位有限公司.

曹永忠, 許智誠, & 蔡英德. (2020a). *ESP32 程式設計(物聯網基礎篇) ESP32 IOT Programming (An Introduction to Internet of Thing)*. 台灣、台北: 千華駐科技.

曹永忠, 許智誠, & 蔡英德. (2020b). *雲端平台(系統開發基礎篇):The Tiny Prototyping System Development based on QNAP Solution*. 台灣、台北: 千

華駐科技.

曹永忠, 許智誠, & 蔡英德. (2020c). *雲端平台(硬體建置基礎篇):The Setting and Configuration of Hardware & Operation System for a Clouding Platform based on QNAP Solution*. 台灣、台北: 千華駐科技.

曹永忠, 蔡英德, 許智誠, 鄭昊緣, & 張程. (2020a). *ESP32 程式设计(物联网基础篇):ESP32 IOT Programming (An Introduction to Internet of Thing)* (初版 ed.). 台湾、彰化: 渥瑪數位有限公司.

曹永忠, 蔡英德, 許智誠, 鄭昊緣, & 張程. (2020b). *ESP32 程式設計(物聯網基礎篇:ESP32 IOT Programming (An Introduction to Internet of Thing)* (初版 ed.). 台湾、彰化: 渥瑪數位有限公司.

莊泉福. (2019). *應用 PHP 語言開發用戶化全球資訊網探勘系統-以高雄市地政局網站數據為例*. (博士). 國立中央大學, 桃園縣. Retrieved from https://hdl.handle.net/11296/p687vm

循環冗餘校驗. (2020). Retrieved from https://zh.wikipedia.org/wiki/%E5%BE%AA%E7%92%B0%E5%86%97%E9%A4%98%E6%A0%A1%E9%A9%97

蘇彥儒. (2016). *在振動量測系統中建構 PHP 動態訊號分析系統*. (碩士). 國立勤益科技大學, 台中市. Retrieved from https://hdl.handle.net/11296/mxtw2v

工業溫度控制器網路化應用開發（錶頭自動化篇）

Apply a Digital PID Controller:FY900 to Internet-based Automation-Control (Industry 4.0 Series)

作　　者：曹永忠、施明昌、張峻瑋

發 行 人：黃振庭

出 版 者：崧燁文化事業有限公司

發 行 者：崧燁文化事業有限公司

E-mail：sonbookservice@gmail.com

粉 絲 頁：https://www.facebook.com/sonbookss/

網　　址：https://sonbook.net/

地　　址：台北市中正區重慶南路一段六十一號八樓 815 室

Rm. 815, 8F., No.61, Sec. 1, Chongqing S. Rd., Zhongzheng Dist., Taipei City 100, Taiwan

電　　話：(02) 2370-3310

傳　　真：(02) 2388-1990

印　　刷：京峯彩色印刷有限公司（京峰數位）

律師顧問：廣華律師事務所 張珮琦律師

國家圖書館出版品預行編目資料

工業溫度控制器網路化應用開發 . 錶頭自動化篇 = Apply a digital PID controller:FY900 to internet-based automation-control(industry 4.0 series) / 曹永忠, 施明昌, 張峻瑋著 . -- 第一版 . -- 臺北市：崧燁文化事業有限公司 , 2022.03

面；　公分

POD 版

ISBN 978-626-332-092-5(平裝)

1.CST: 自動控制 2.CST: 溫度

448.9　　111001410

官網

臉書

定　　價：420 元

發行日期：2022 年 03 月第一版

◎本書以 POD 印製